Füßl / Weber • Nördliche Oberpfalz

Streifzüge durch die Erdgeschichte

herausgegeben von Dr. Gunnar Meyenburg

Die faszinierendste Geschichte der Erde ist die Geschichte der Erde selbst. Namhafte Autoren vermitteln in der Buchreihe „Streifzüge durch die Erdgeschichte" einen anschaulichen, lebendigen und verständlichen Einblick in die oftmals spektakulären Prozesse der Entwicklung unseres Lebensraums über Hunderte von Millionen Jahren. Jeder einzelne Band motiviert die Leser, den Spuren der erdgeschichtlichen Entwicklung im Gelände zu folgen und auch teilweise heute noch wirksame Kräfte kennen zu lernen.
In Verbindung mit vielfältigen, ergänzenden Informationen zu Lehrpfaden, Mineral- und Fossilfundstellen, Museen, Schaubergwerken und vieles andere mehr, ist jeder Band der Reihe die ideale geotouristische Begleitung und abgestimmt auf die Besonderheiten der jeweils behandelten Region. Die Abschnitte sind dabei so gewählt, daß sie bequem zu Fuß erkundbar sind.

Bereits lieferbar:
Nördliche Rhön, Nördliche Oberpfalz

Demnächst erscheinen:

Berchtesgadener Land, Altmühltal und Solnhofen, Südlicher Schwarzwald, Hunsrück, Mecklenburgische Eiszeitlandschaft, Lahn-Dill, Harz, Sächsische Schweiz, Erzgebirge, Salzburger Land, Ruhrgebiet, Eifel, Rügen.

Falls Sie laufend über die Neuerscheinungen informiert werden möchten, nutzen Sie bitte die Bestellkarte in der Mitte des Buches.

Streifzüge durch die Erdgeschichte

Martin Füßl / Berthold Weber

Nördliche Oberpfalz

Weißes Gold und schwarzer Basalt

edition Goldschneck
im Quelle & Meyer Verlag

Die Autoren:

Dipl.-Geogr. Martin Füßl
Alexander-von-Humboldt-Str. 4
92711 Parkstein
e-Mail: martin.fuessl@web.de

Dipl.-Ing. (FH) Berthold Weber
Bürgermeister-Knorr-Str. 8
92637 Weiden
e-Mail: berthold-weber@gmx.de

Der Herausgeber:

Dr. Gunnar Meyenburg
Osterstraße 187
20255 Hamburg
e-Mail: info@sci-script.de

Die Ratschläge in diesem Buch sind von den Autoren und dem Verlag sorgfältig erwogen und geprüft, dennoch kann keine Garantie übernommen werden. Eine Haftung der Autoren bzw. des Verlages und seiner Beauftragten für Personen-, Sach- und Vermögensschäden ist ausgeschlossen.

Bibliografische Information Der Deutschen Bibliothek
Die Deutsche Bibliothek verzeichnet diese Publikation in der Deutschen Nationalbibliografie; detaillierte bibliografische Daten sind im Internet unter http://dnb.ddb.de abrufbar.

© 2009 by Quelle & Meyer Verlag GmbH & Co., Wiebelsheim
www.verlagsgemeinschaft.com

Das Werk einschließlich aller seiner Teile ist urheberrechtlich geschützt. Jede Verwertung außerhalb der engen Grenzen des Urheberrechtsgesetzes ist ohne Zustimmung des Verlages unzulässig und strafbar. Dies gilt insbesondere für Vervielfältigungen auf fotomechanischem Wege (Fotokopie, Mikrokopie), Übersetzungen, Mikroverfilmungen und die Einspeicherung und Verarbeitung in elektronischen und digitalen Systemen (CD-ROM, DVD, Internet, etc.).

Fotos: Martin Füßl/Berthold Weber
Topographische Karten: Theiss Heidolph, Kottgeisering
Satz: Gunnar Meyenburg, Hamburg
Druck und Verarbeitung: www.schreckhase.de
Printed in Germany/Imprimé en Allemagne
ISBN 978-3-394-01463-0

Zur Reihe „Streifzüge durch die Erdgeschichte"

Liebe Leserinnen, liebe Leser,

das wachsende Interesse an Natur und Umwelt hat in den vergangenen Jahren auch bei geowissenschaftlich orientierten Themen nicht Halt gemacht. Oftmals waren es Naturereignisse, die die Geowissenschaften stärker in das Licht der Öffentlichkeit gerückt haben, aber auch Fragen, die unsere Zukunft betreffen. Die Deckung des Rohstoffbedarfs und die Diskussion um klimatische Veränderungen und deren Ursachen und Folgen sind nur einige Beispiele.

Die Erde und das Leben auf diesem Planeten haben im Laufe ihrer Entwicklung ausgesprochen vielfältige und dramatische Veränderungen erfahren. Vieles davon lässt sich an den Gesteinen als deren stumme Zeugen trotz ihres oft schwer vorstellbaren Alters, aber auch an der Gestalt der Landschaft ablesen. Gerade dieser Blick in die Vergangenheit ist es, der uns Prognosen über Zukunftsszenarien erlaubt, indem die Rekonstruktion einstiger Umwelt- und Lebensbedingungen mit Vorgängen und Gesetzmäßigkeiten verknüpft werden, die zu diesen Bedingungen geführt haben.

Natürlich steckt hinter diesem Erkenntnisgewinn weit mehr als das, was sich dem Betrachter geologischer Objekte vor Ort erschließen kann. Akademische Diskussionen sind jedoch nicht Gegenstand dieser allgemeinverständlich gehaltenen Reihe. Die Autoren und ich möchten Ihnen vielmehr Erdgeschichte zum Erleben bieten und Sie dazu auf eine ereignisreiche und spannende Reise mitnehmen. Die Buchreihe „Streifzüge durch die Erdgeschichte" richtet sich vor allem an all jene, die sich nicht ausschließlich an der Schönheit und den Eigenheiten von Landschaften erfreuen möchten, sondern sich zugleich auch Gedanken über deren Entstehung machen und nach entsprechenden Antworten suchen.

Sie will motivieren, sich auf die Suche nach den Spuren der äußerst bewegten Erdgeschichte Deutschlands und Mitteleuropas zu begeben und die mit ihr untrennbar verbundene Geschichte des Lebens selbst nachzuempfinden, ohne dass hierzu eine fachliche Vorbildung vonnöten wäre. Die einzelnen Bände begnügen sich nicht mit einer isolierten, steckbriefartigen Darstellung geologischer Objekte, sondern stellen die Synthese von Einzelinformationen zu einem Gesamtbild zur Entwicklungsgeschichte einer Landschaft stark in den Vordergrund. Die Größe der jeweils vorgestellten Gebiete ist daher auch überschaubar gehalten.

Ich möchte mich an dieser Stelle bei allen Autoren, die an dieser Buchreihe mitwirken, bedanken, die den komplexen Stoff der Intentionen der Reihe entsprechend verständlich und anschaulich darstellen.

Ganz ohne Fachtermini geht es dabei allerdings nicht. Damit der Lesefluss nicht durch Begriffserklärungen gestört wird, wurde die Marginalspalte genutzt, um wichtige Begriffe kurz zu erläutern oder auch andere Hinweise zu geben. Der dort in blauer Schrift gehaltene Text dient der leichteren Navigation innerhalb der Kapitel.

Nun wünsche ich Ihnen viel Freude und aufschlussreiche Einblicke in die Erdgeschichte bei Ihren geologischen Streifzügen.

Dr. Gunnar Meyenburg
Herausgeber

Inhalt

Geologie und Landschaft der Nördlichen Oberpfalz	3
Geologie hautnah erleben: 500 Millionen Jahre Oberpfälzer Erdgeschichte	3
Die Landschaft der Nördlichen Oberpfalz	5
Eine bewegte Geschichte: Geologie und Tektonik der Oberpfalz	8
Das Grundgebirge	8
Das Deckgebirge	12
Exkursionspunkte im Grundgebirge	19
Die Gneislandschaften des Alten Gebirges	19
Der Fahrenberg: ein Oberpfälzer Hausberg	20
Der Bergsteiger-Felsen	24
Kalksilikate im Gneis	26
Der Sulzberg: Gold und Urwald	28
Der Teufelsstein: vulkanisches Gestein im Gneis	30
Der „Eiserne Hut" von Pfaffenreuth	32
Die Serpentinite der Nördlichen Oberpfalz	35
Der Serpentinit-Härtling am Föhrenbühl	36
Der Serpentinit-Fels von Waldau	40
Die Granitlandschaften der Nördlichen Oberpfalz	46
Flossenbürg: Granit in Zwiebelschalen	48
Der „Große Stein": Granit im Gneismantel	51
Granit wie Brotlaibe	52
Granit bringt Wasser zum Tosen	55
Das Waldnaabtal: Das schönste Tal der Oberpfalz	58
Falkenberg: Eine Burg auf Wollsäcken	62
Ein Amboss für Riesen und des Teufels Butterfass	63
Eine Gletschermühle ohne Gletscher	65
Wolfskopf aus Granit	66
Des Teufels Küchen	68
Leuchtenberg: Karfunkelsteine im Granit	70
Ein Berg aus Rosenquarz: Der Kreuzberg in Pleystein	73

Das Wölsendorfer Flussspat-Revier	77
Ein ebener Weg in den Berg: Der Kocherstollen	80
Der Flussspat beißt aus: Der Rolandgang bei Wölsendorf	81
Buntes Glitzern in der Tiefe: Der Reichhart-Schacht bei Stulln	82
Exkursionspunkte im Deckgebirge	84
Die Grube Vesuv: Die Bleierzlagerstätte von Freihung	84
Der Monte Kaolino und das „Weiße Gold" der Oberpfalz	86
Das Ruhrgebiet des Mittelalters: Eisenerzabbau in der Nördlichen Oberpfalz	90
Explosive Zeiten: Tertiärer Vulkanismus in der Nördlichen Oberpfalz	94
Der schönste Basaltkegel Europas: Der Hohe Parkstein	98
Der große Bruder des Parksteins: Der Rauhe Kulm	103
Der Anzenberg bei Kemnath / Waldeck	106
Hier würden Flurl und Gümbel staunen: Die Kontinentale Tiefbohrung	108
Nützliches und Informatives	115
Interessante Lokalitäten und Kontaktadressen	115
Geologische Lehrpfade	115
Museen und öffentliche Sammlungen	117
Wichtige Internet-Adressen	119
Mineralien und deren Eigenschaften	120
Geographische Koordinaten der Geotope	124
Ortsverzeichnis	126
Literaturverzeichnis	128
Allgemeine Literatur, geologische Führer und zusammenfassende Beschreibungen	128
Spezielle Literatur zur Geologie und Mineralogie	129

Geologie und Landschaft der Nördlichen Oberpfalz

Geologie hautnah erleben: 500 Millionen Jahre Oberpfälzer Erdgeschichte

In den letzten Jahren sind geologische Themen verstärkt in das Bewusstsein der Öffentlichkeit getreten. Berichte über Bergstürze, Tsunamis, Vulkanausbrüche und Erdbeben mit ihren verheerenden Folgen haben die Menschen einerseits schockiert, ihnen aber andererseits auch die Faszination der zerstörerischen und zugleich gestaltenden Kräfte des Planeten Erde vermittelt. Und reißerische Katastrophenfilme haben bei Kindern und Erwachsenen gleichermaßen das Interesse an diesen geologischen Phänomenen verstärkt.

Doch wo finden sich die Antworten auf Fragen nach den Ursachen dieser Phänomene? Muss man dafür, wie es in vielen an Zuschauerquoten orientierten Fernsehsendungen suggeriert wird, in die entlegensten Winkel der Erde reisen? Die Antwort lautet ganz zweifelsohne: nein!

Spannende Geologie wird Ihnen bei uns in der Nördlichen Oberpfalz auf Schritt und Tritt begegnen, und nicht zu Unrecht nennt man sie auch „Bayerns steinreiche Ecke". Und das im doppelten Sinne, denn die Böden sind oft nicht sehr fruchtbar und reich an Steinen. Dafür gibt es hier verschiedenste Bodenschätze, die die Menschen schon früh in diesen rauen Landstrich lockten und ihn wegen seines Eisenreichtums zum „Ruhrgebiet des Mittelalters" werden ließen.

Es gibt in Deutschland sicher nur wenige Regionen, die auf einer vergleichbar kleinen Fläche über 500 Millionen Jahre Erdgeschichte bieten können. Und genau diese Vielfalt zog und zieht Geowissenschaftler nach Nordbayern. Selbst der große Naturforscher Alexander von Humboldt, die Altmeister der bayerischen Geologie Mathias von Flurl und Carl Wilhelm von Gümbel waren fasziniert von ihr. Und schließlich spiegelte sich das Interesse der Geowissenschaftler an diesem geologisch komplexen Gebiet darin wider, dass hier Mitte der 80er Jahre des 20. Jahrhunderts mit der Kontinentalen Tiefbohrung bei Windischeschenbach eines der tiefsten Bohrlöcher der Welt abgeteuft wurde.

Geologie und Landschaft der Nördlichen Oberpfalz

Vulkanlandschaft im mesozoischen Vorland bei Kemnath

Wir wollen Sie mit unseren „Geologischen Streifzügen durch die Nördliche Oberpfalz" an Orte führen, wo man Geologie hautnah erleben und im wahrsten Sinne des Wortes begreifen kann. Einige der beschriebenen geologischen Sehenswürdigkeiten sind touristische Highlights und werden für den Fremdenverkehr beworben. Touristen und Einheimische nutzen sie als attraktive Ausflugsziele und genießen ihre landschaftliche Schönheit, erkennen dabei aber nur selten deren geologische Aussagekraft. Andere wiederum sind weniger spektakulär, fallen kaum ins Auge und offenbaren ihre meist spannende geologische Geschichte erst auf den zweiten Blick.

Was sind Geotope?

Immer wieder wird Ihnen in unseren Beschreibungen der Begriff „Geotop" begegnen, der sich in den letzten 20 Jahren als fester Begriff in den Geowissenschaften und im Tourismus etabliert, aber noch keineswegs im allgemeinen Sprachgebrauch Eingang gefunden hat. Darum wollen wir den Begriff schon hier erklären: Geotope umfassen Aufschlüsse von Gesteinen, Böden, Mineralien und Fossilien sowie einzelne Naturschöpfungen und natürliche Landschaftsteile. Es sind oft ins Auge fallende Naturschönheiten und häufig unscheinbare, erst auf den zweiten Blick interessante Naturbildungen, die über Plattentektonik, Klimaveränderungen, Erosion, Massenaussterben von Lebewesen, Evolution und vieles mehr erzählen.

Sollten Sie sich aus unseren „Geologischen Streifzügen" nicht einzelne Exkursionspunkte heraussuchen, sondern eine Wanderung durch die Erdgeschichte machen wollen, dann werden Sie schnell feststellen, dass unser Führer zeitlich angelegt ist. Wir beginnen mit den Gneislandschaften des Alten Gebirges und seinen Granitgebieten, um dann in das mesozoische

Deckgebirge mit seinen Sedimenten zu wechseln. Den Schlusspunkt setzt schließlich der tertiäre Vulkanismus.

Doch lohnt es sich bei aller Begeisterung für Geologie und Landschaft, die reichen Kulturschätze der Nördlichen Oberpfalz zu besuchen und die regionalen kulinarischen Spezialitäten in noch ursprünglichen, gastfreundlichen und nicht zuletzt preiswerten Wirtshäusern zu genießen.

Dabei wünschen wir Ihnen viel Spaß und interessante Einblicke in das in der Nördlichen Oberpfalz weit aufgeschlagene Buch der Erdgeschichte.

Die Landschaft der Nördlichen Oberpfalz

Die Vielfalt verschiedener Naturräume in enger räumlicher Nähe bietet dem Besucher bei kurzen Wegstrecken und ohne große Strapazen einen eindrucksvollen Blick in die Erdgeschichte. Raue Grundgebirgslandschaften im Osten und sanftere Schichtstufenlandschaften im Westen bilden einen reizvollen Gegensatz, sodass „Geologie erleben" hier nicht nur ein Werbeslogan ist.

Das Landschaftsbild der Nördlichen Oberpfalz steht in engem Zusammenhang mit dem geologischen Aufbau und lässt eine übergeordnete Gliederung in vier naturräumliche Haupteinheiten zu:

Naturräumliche Gliederung

- Naturraum Oberpfälzer Wald und Bayerischer Wald, der auch den Vorderen und Hinteren Oberpfälzer Wald umfasst
- Naturraum Thüringisch-Fränkisches Mittelgebirge mit dem Hohen Fichtelgebirge, der Selb-Wunsiedeler Hochfläche und der Naab-Wondreb-Senke
- Naturraum Oberpfälzisch-Obermainisches Hügelland mit der Untereinheit Oberpfälzer Bruchschollenland
- Fränkische Alb mit Teilen der Nördlichen Frankenalb

Die beiden ersten gehören auf Grund der hier vorherrschenden metamorphen und granitischen Gesteine zum kristallinen ostbayerischen Grundgebirge, während die beiden anderen zum Deckgebirge gehören, das von Sedimentgesteinen aufgebaut wird.

Der **Oberpfälzer Wald** ist geprägt durch seinen Mittelgebirgscharakter, wo Höhenlagen zwischen 500 und 700 m ü. NN do-

Geologie und Landschaft der Nördlichen Oberpfalz

minieren. Den meist aus Gneisen und Graniten entstandenen, steinigen, nährstoff- und damit ertragsarmen Böden verdankt die Oberpfalz auch ihre wenig schmeichelhafte Bezeichnung „Steinpfalz", die viel über die frühere Armut dieses Landstriches aussagt. Über einer Höhenlage von 700 m ü. NN ist das Klima rau und unwirtlich. Eine landwirtschaftliche Nutzung ist hier oft nicht mehr möglich und so finden sich an den steilen Hängen und in den Hochlagen große zusammenhängende Nadelwaldgebiete. Gefürchtet ist bei winterlichen, kontinentalen Hochdruckwetterlagen mit Temperaturen unter −10 °C der oft tagelang anhaltende und eiskalte aus Richtung Osten pfeifende „Böhmische Wind".

Das **Thüringisch-Fränkische Mittelgebirge** mit den Untereinheiten Hohes Fichtelgebirge, Selb-Wunsiedeler Hochfläche und Naab-Wondreb-Senke hat an der Nördlichen Oberpfalz flächenmäßig nur einen geringen Anteil. Doch weist dieses Gebiet im Bereich von Egergraben und Fichtelgebirge eine außerordentliche Vielfalt an geologischen Strukturen und Gesteinen auf, die europaweit ihresgleichen suchen. Granitfelsen, Gneise, Glimmerschiefer, Serpentinite, Marmor, Basalt und vieles mehr machen diesen Naturraum zu einem geologischen Eldorado.

Die Landschaft der Nördlichen Oberpfalz

Diese beiden naturräumlichen Haupteinheiten werden durch eine von Nordwesten nach Südosten verlaufende Bruchzone, die sogenannte Fränkische Linie, vom Naturraum **Oberpfälzisch-Obermainisches Hügelland** getrennt, das mit seinen Sedimentgesteinen aus der Trias- und Kreidezeit zum Deckgebirge gehört. An dieser großen Störungszone wurde das Grundgebirge herausgehoben und teilweise auf das Deckgebirge geschoben. Außer der Fränkischen Linie gibt es hier noch eine Reihe größerer und kleinerer Störungen und Bruchzonen, welche die Landschaft oft sehr kleinräumig gliedern. Man nennt diese Untereinheit deshalb auch das Oberpfälzer Bruchschollenland, das meist zwischen 400 – 600 m hoch liegt.

Fränkische Linie s. Seite 13 sowie Abb. auf Seite 12 und 14/15

Eine höhere Jahresdurchschnittstemperatur und kürzere Winter ermöglichen hier eine intensivere Landwirtschaft, die mit der Nährstoffarmut der hier weit verbreiteten Sandböden zu kämpfen hat. Wo sich die Landwirtschaft nicht mehr lohnt, wird in ausgedehnten Kiefernwäldern Forstwirtschaft betrieben.

Im Westen der Landkreise Neustadt an der Waldnaab und Amberg-Sulzbach ist flächenmäßig unbedeutend noch der Naturraum **Fränkische Alb** vertreten. Diese aus verwitterungsresistenten Kalken und Dolomiten des oberen Jura (Malm) aufgebauten und zwischen 500 – 600 m hoch liegenden Ebenen

Granitkuppe mit der Burg Flossenbürg; s. Seite 48

Geologie und Landschaft der Nördlichen Oberpfalz

Markanter Höhensprung in der Landschaft: Die Fränkische Linie bei Altenparkstein

Verkarstung s. Seite 15 und 90

werden von tief eingeschnittenen Tälern mit steilen Flanken durchzogen. Markante Felskuppen prägen hier das Landschaftsbild. So resistent diese Gesteine gegen die Kräfte der physikalischen Verwitterung sein mögen, den Kräften der chemischen Verwitterung fallen sie rasch anheim. In der Nördlichen Oberpfalz fehlen zwar die großen Tropfsteinhöhlen der benachbarten Fränkischen Schweiz, doch lässt sich hier der Karstformenschatz vielerorts beobachten. Die Verkarstung der Landschaft führt an der Oberfläche zu Wassermangel, der die landwirtschaftliche Nutzung erschwert. Andererseits ist sie aber der Grund dafür, dass auf diesen Extremstandorten eine Vielzahl seltener Tiere und Pflanzen ihre ökologische Nische gefunden haben.

Eine bewegte Geschichte: Geologie und Tektonik der Oberpfalz

Abb. hierzu s. Seite 12 und 14/15

Getrennt durch die von Nordwesten nach Südosten verlaufende Fränkische Linie grenzen in der Nördlichen Oberpfalz zwei geologisch völlig unterschiedliche geologische Einheiten unmittelbar aneinander: Das ältere kristalline Grundgebirge (auch „Altes Gebirge" genannt) im Osten und das aus jüngeren Sedimentgesteinen aufgebaute Deckgebirge im Westen.

Das Grundgebirge

Pluton: in der Tiefe erstarrter Magmenkörper

Die Kristallingebiete der Nördlichen Oberpfalz mit ihren metamorphen und plutonischen Gesteinen sind nur ein kleiner Teil des ostbayerischen Grenzgebirges, das sich in Bayern vom Frankenwald im Nordwesten bis zum Passauer Wald im Südosten erstreckt. Sie bilden mit den paläozoischen und präkambrischen Gesteinseinheiten das variszische Gebirge, dessen Rumpfgebirge (die Böhmische Masse) sich weit nach Tschechien und bis Nieder- bzw. Oberösterreich erstreckt. Zum Teil liegen diese Ge-

Eine bewegte Geschichte: Geologie und Tektonik der Oberpfalz

steinsserien noch als Sedimentgestein vor wie die Schiefer des Frankenwaldes, zum Teil wurden sie im Zuge mehrerer Gebirgsbildungen in unterschiedlicher Intensität metamorph überprägt, wie dies in der Nördlichen Oberpfalz der Fall ist.

Metamorphose: Gesteinsveränderung durch Druck- und Temperatureinfluss

Eine ganz zentrale Rolle in der Grundgebirgsgeologie der Oberpfalz spielt für das Landschaftsbild und den geologischen Formenschatz die variszische Gebirgsbildung (Orogenese). Zeitlich muss man hier bis in das mittlere Paläozoikum (Erdaltertum) zurückgehen, als sich durch die Kollision der Kontinente Gondwana im Süden und Laurasia im Norden ein gewaltiges Gebirge auftürmte. Dessen Ausmaße kann man noch heute erahnen, wenn man seine durch Kontinentaldrift getrennten Reste zusammenfügen würde. Dazu gehören beispielsweise große Areale in Mexiko, die Appalachen in den USA, der Antiatlas in Nordafrika, weite Teile Europas und Kleinasiens. Aber auch der Ural und das Pamir-Gebirge in Zentralasien zählen zu diesem Orogen.

Die variszische Gebirgsbildung

Abb. s. Seite 10 und 13

Der Höhepunkt der variszischen Gebirgsbildung lag im Oberkarbon (vor 318 bis 299 Millionen Jahren), als es zur Heraushebung des Gebirges kam. In Mittel- und Osteuropa begann damals eine bis in den Jura andauernde Festlandszeit.

Der Reichtum an Kohle, dem das Karbon seinen Namen verdankt, ist dem Zusammenwirken von tektonischen Vorgängen und klimatischen Verhältnissen zu verdanken, denn durch die Faltungsprozesse entstanden langsam absinkende Gebiete, wo

tektonisch: die Bewegungsvorgänge in der Erdkruste betreffend

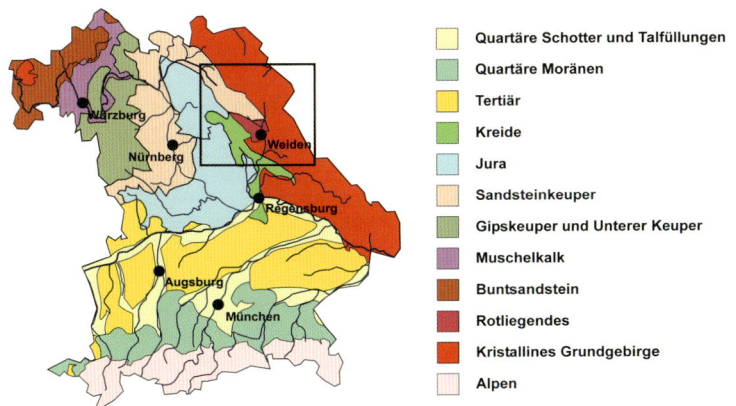

Geologische Übersichtskarte von Bayern. Der Rahmen kennzeichnet die Lage der Nördlichen Oberpfalz.

Geologie und Landschaft der Nördlichen Oberpfalz

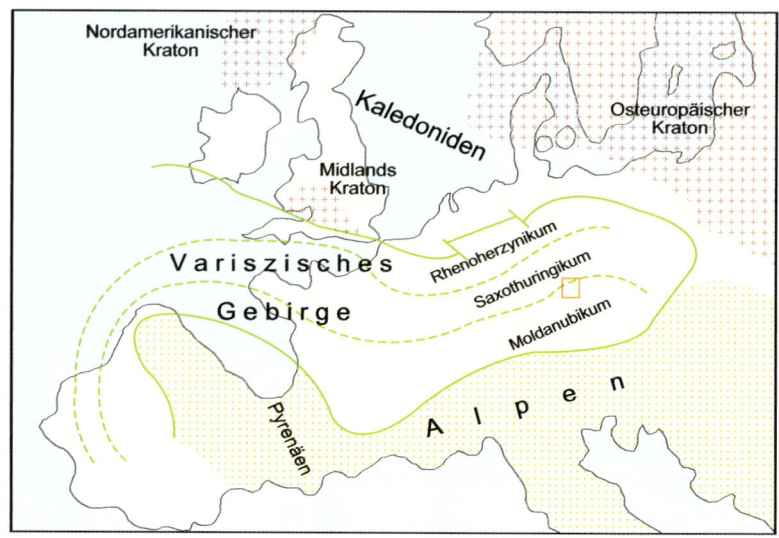

Die europäischen Variszden, bestehend aus Moldanubikum, Saxothuringikum und Rhenoherzynikum, bilden den kristallinen Unterbau Europas. Sie stellen die Reste eines gewaltigen Gebirges dar, das bei der Kollision der Kontinente Gondwana im Süden und Laurasia im Norden im Oberkarbon aufgetürmt wurde.

unter subtropisch feuchten Klimabedingungen riesige Sumpfgebiete existierten. Aus den organischen Resten dieser Sümpfe entstanden durch Inkohlung die großen Steinkohlevorkommen Mitteleuropas.

Variszische Struktureinheiten

Als Folge dieser Orogenese durchzog nun ein mehr als 500 km breiter Faltengürtel mit nordöstlicher Streichrichtung von der Bretagne über das französische Zentralmassiv, der sich in Richtung Osteuropa verschmälerte, Europa. Bis vor einigen Jahren wurden im Alten Gebirge Nordbayerns zwei große variszische Struktureinheiten unterschieden:

Gneise s. Seite 19

- Das Moldanubikum, dessen Name von den lateinischen Namen der Flüsse Moldau und Donau herrührt, hat flächenmäßig in der Nördlichen Oberpfalz die größte Verbreitung. Die dominierende Rolle spielen hier die Gneise.

Phyllite, Glimmerschiefer: schiefrige, quarz- und glimmerreiche Gesteine unterschiedlicher metamorpher Überprägung

- Das Saxothuringikum, das von den lateinischen Namen für Sachsen und Thüringen herrührt, spielt im Norden des Landkreises Tirschenreuth eine zentrale Rolle. Hier sind es niedrigmetamorphe Gesteine wie Phyllite sowie Glimmerschiefer, die das Landschaftsbild prägen.

Eine bewegte Geschichte: Geologie und Tektonik der Oberpfalz

Doch zeichnet sich mehr und mehr ab, dass zwischen diesen sowohl bezüglich ihrer Altersstellung als auch ihrer paläogeographischen Entwicklungsgeschichte viele Parallelen bestehen. Ihre Einstufung als grundverschiedene geologische Einheiten erscheint daher heute nicht mehr sinnvoll. Vielmehr lassen sich beide entstehungsgeschichtlich von dem Superkontinent Gondwana ableiten. Dies wird durch die Beobachtung gestützt, dass sich in beiden Einheiten ähnliche lithologische Abfolgen mit hellen Orthogneisen ordovizischen Alters finden.

Gondwana: umfasste die heutigen Südkontinente und Indien

Ortho- und Paragneise s. Seite 19

Das bedeutet jedoch nicht, dass die althergebrachte Gliederung des mitteleuropäischen Grundgebirges in Moldanubikum, Saxothuringikum und Rhenoherzynikum völlig über Bord geworfen werden müsste. Vielmehr sollten sie heute als Einheit betrachtet werden, die eine unterschiedliche Entwicklungsgeschichte hinter sich haben.

Die Frage nach dem Alter des Grundgebirges ist nicht einfach und schon gar nicht einheitlich zu beantworten. Altersdatierungen anhand von dafür besonders gut geeigneten, zonar aufgebauten Zirkonkristallen haben ein Alter von bis zu 3,8 Milliarden Jahren ergeben. Diese verwitterungsresistenten Minerale haben jedoch im Laufe der Erdgeschichte schon mehrfach den Kreislauf von Abtragung, Sedimentation und Metamorphose durchlaufen. Und die geologisch sicher nachvollziehbare Geschichte beginnt erst viel später.

Das Alter des Grundgebirges

Zirkon: Schwermineral, dessen Uran- und Thoriumgehalte sich zur radiometrischen Altersdatierung nutzen lassen

Radiometrische Altersdatierungen der letzten 25 Jahre haben viele Erkenntnisse über die Altersstellung der Metamorphite des nordbayerischen Kristallins gebracht. Sie lassen den Schluss zu, dass diese Gesteine nur selten älter als 550 Millionen Jahre (also jüngstes Proterozoikum) sind. Der weitaus größere Teil ist dem vor 542 Millionen Jahren beginnenden Altpaläozoikum zuzuordnen.

Proterozoikum: Zeitraum von 2,5 – 0,545 Mrd Jahren vor heute

In diese Gesteinsserien drangen am Ende der variszischen Gebirgsbildung glutflüssige, kieselsäurereiche und damit saure Schmelzen ein, die unter der Erdoberfläche langsam erstarrten. Diese Intrusionsgesteine wurden größtenteils nicht mehr deformiert oder gar metamorphisiert, sodass sie als Abschluss der variszischen Gebirgsbildung betrachtet werden können. Flächenmäßig haben an den sauren Intrusivgesteinen die oberkarbonischen Granite in der Nördlichen Oberpfalz den größten Anteil.

Geologie und Landschaft der Nördlichen Oberpfalz

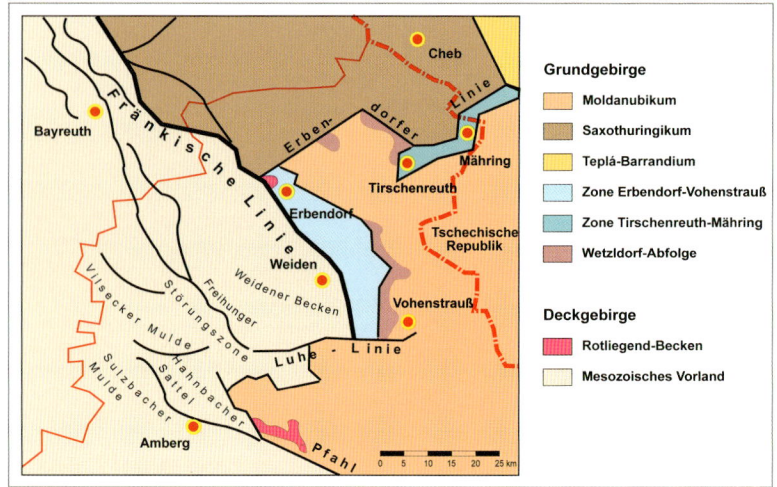

Tektonischer Bau der Nördlichen Oberpfalz. Getrennt wird das Grundgebirge vom westlich angrenzenden mesozoischen Vorland durch die Fränkische Linie, der prägenden Großstörung in Nordostbayern.

Die tektonisch stark beanspruchten Gesteine des Erbendorfer Paläozoikums sind dem Ordovizium bis Unterkarbon zuzuordnen. Die Erbendorfer Linie, eine regionalgeologisch bedeutsame Störungszone, bildet hier die Südgrenze des Saxothuringikums.

Das Deckgebirge

Die Entwicklung im ausgehenden Paläozoikum

Im Perm vollzogen sich in der sogenannten Saalischen Phase die letzten stärkeren Faltungsvorgänge der variszischen Gebirgsbildung und schlossen diese endgültig ab. Der schon im Oberkarbon aufgrund zunehmender Heraushebung des variszischen Gebirges beginnende Meeresrückzug erreicht Mitte des Perms, also am Ende des Paläozoikums, seinen Höhepunkt. Dies hatte zur Folge, dass das Meer nun völlig in die großen Geosynklinalen zurückgedrängt wurde. So war im Osten des Superkontinents Pangäa (griechisch: Ganzerde) aus den variszischen Senken die Tethys hervorgegangen, die die „Muttergeosynklinale" des alpidischen Gebirges darstellt.

Geosynklinale: großräumig sich eintiefendes Meeresbecken

Tethys s. Abb. rechts

Zu dieser Zeit beginnen nördlich und südlich der Tethys großräumig unterschiedliche paläogeographische Entwicklungen. Während im Norden durch die Schließung des Appalachen-Troges und der Uralischen Saumtiefe ein ständig wachsender Kontinentalblock entsteht, leiten auf der Südhalbkugel Krustenbewegungen und damit verbundene Meereseinbrüche den Zerfall der Festlandsmasse Gondwana ein.

Mit dem Ende der variszischen Faltungsvorgänge kommt auch der für das Rotliegende typische porphyrische Vulkanismus, dessen Zeugen sich nahe Weiden, Erbendorf und Kemnath finden, zum Erliegen. In der Oberpfalz folgt nun das ganze Mesozoikum (Erdmittelalter) hindurch bis zum Tertiär eine Phase ohne nennenswerten Vulkanismus.

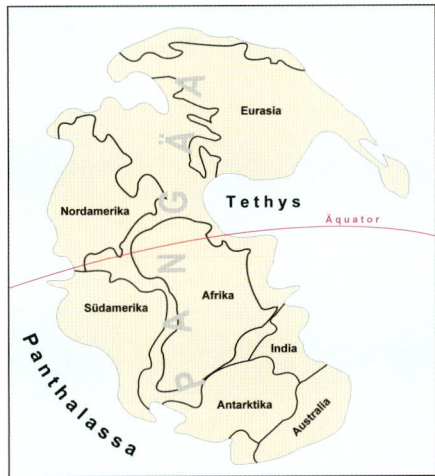

Der Superkontinent Pangäa im Perm vor rund 275 Millionen Jahren vor dem Zerbrechen in die heutigen Kontinente.

Entlang der Fränkischen Linie wurde das variszische Grundgebirge im Laufe der Jahrmillionen schubartig teilweise um mehrere tausend Meter herausgehoben, sodass die zerstörerischen Kräfte der Erosion hier verstärkt ansetzen konnten. Der anfallende Verwitterungsschutt wurde ab dem Oberkarbon und vor allem im Perm (genauer im Rotliegend) in sich langsam absenkenden Becken, wie zum Beispiel bei Weiden und Erbendorf, abgelagert. Diese mehr als einen Kilometer mächtigen Rotliegendbecken enthalten Gerölle mit Metamorphiten und Graniten, woraus sich ableiten lässt, dass sich diese schon damals an der Oberfläche befunden haben müssen. Aufschlüsse dieser geologisch interessanten Periode der Erdgeschichte bestehen wegen der Verwitterungsanfälligkeit der Rotliegendsedimente in der Nördlichen Oberpfalz leider nicht mehr. Und die wenigen Lehm- und Tongruben sind schon lange nicht mehr in Betrieb.

Permischer Vulkanit s. Seite 31

Die Fränkische Linie

Die paläogeographische Verteilung der Ozeane und Kontinente veränderte sich vom Perm zur Trias hin kaum. Die „Süderde" Gondwana hatte noch einen breiten Kontakt zur Norderde „Laurasia". Doch der Superkontinent Pangäa begann, langsam zu zerfallen. In Nordbayern stieß von Nordwesten her das Meer

Die mesozoische Entwicklung

Germanisches Becken: ein seit dem Perm weite Teile Nord- und Mitteleuropas bedeckendes Flachmeer

in das Germanische Becken bis in das westliche Gebiet der heutigen Oberpfalz vor. Da es sich bei den Sedimenten aus der Zeit des Muschelkalks überwiegend um sandige Ablagerungen handelt, kann man daraus auf einen küstennahen Sedimentationsraum schließen.

In der anschließenden Jurazeit begann im Gegensatz zur festländisch geprägten Trias in Mitteleuropa wieder eine von Meeresvorstößen und großräumiger Meeresbedeckung geprägte Zeit. Weite Teile des Kontinents werden aufgrund sich absenkender Becken (Geosynklinalen), die den Beginn der alpidischen Gebirgsbildung markieren, vom Meer überflutet. Dies betraf in der Nördlichen Oberpfalz jedoch nur den westlichen Teil. Im östlich gelegenen Grundgebirge herrschten weiterhin festländische Bedingungen. Anfangs war das Gebiet westlich der Fränkischen Linie noch von küstennahen Ablagerungen wie Sanden und Tonen gekennzeichnet, für die das Alte Gebirge Liefergebiet war.

Erst in der jüngsten erdgeschichtlichen Epoche des Jura, dem Malm (Weißer Jura), kam es im Zuge der Heraushebung der Alpen zur Beckenbildung und einem damit verbundenen Meeresvorstoß westlich der Fränkischen Linie. Ihre größte Ausdehnung und Tiefenentwicklung hatten diese Geosynklinalen im Malm, an dessen Ende europaweit der Beginn der alpidischen Auffaltung stand.

Die tropischen Bedingungen dieser Zeit ließen das Leben in diesem Jurameer förmlich explodieren und führten zu einer

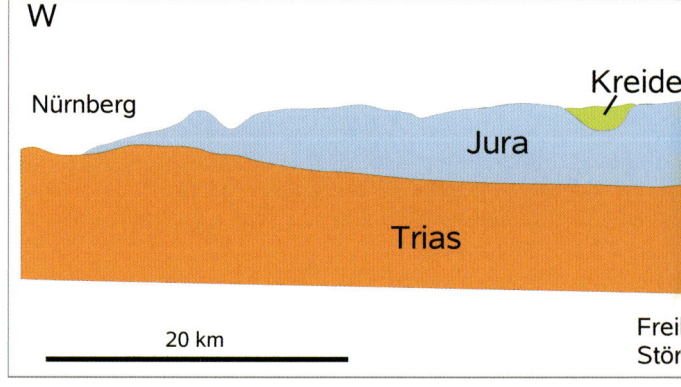

Geologischer Schnitt durch die Nördliche Oberpfalz. Im Westen das mesozo- sche Linie, einer tiefgreifenden alten Störung. Modifiziert nach PETEREK et

Eine bewegte Geschichte: Geologie und Tektonik der Oberpfalz

faszinierenden Artenvielfalt, die sich heute in Form von zahlreichen, leicht zu findenden Versteinerungen des Malms widerspiegelt. Diese Kalk- und Dolomitgesteine treten vor allem in der benachbarten Fränkischen Schweiz auf und berühren nur den westlichen Rand der Nördlichen Oberpfalz im Raum Auerbach und Königstein.

Als sich in der darauffolgenden Unterkreide das Meer in Richtung Süden zurückzog, waren die im Malm entstandenen Karbonatgesteine sofort den Kräften von Verwitterung und Abtragung unter immer noch subtropischen bis tropischen Bedingungen preisgegeben. Die nun wirkende Verkarstung führte zur Bildung einer Landschaft, wie man sie heute von Süd-Thailand kennt. In der Oberkreide stieß das Meer von Süden her wieder bis weit in den Norden der Oberpfalz und Oberfrankens vor, was zur Folge hatte, dass die von Flüssen aus dem Alten Gebirge eingetragenen Sandmassen das vorher entstandene Karstrelief wie unter einem Schleier verhüllten.

Am Ende der Kreidezeit zog sich das Meer endgültig aus Nordbayern nach Süden zurück und mit Beginn des Tertiärs fielen die anstehenden Kreidesedimente der Verwitterung zum Opfer, wodurch die kreidezeitliche Karstlandschaft wieder freigelegt wurde. Die Abtragungsmassen wurden von der Urnaab nach Süden in das durch die Hebung der Alpen infolge isostatischer Ausgleichsbewegungen entstehende Molassebecken zwischen Donau und Alpen transportiert.

Die Evolution brachte im Jura eine enorme Arten- und Formenvielfalt der Ammoniten hervor

Das Tertiär

Isostasie: Auftriebsbedingte Hebungs- und Senkungsvorgänge

Molasse: in jungen Gebirgszügen vorgelagerte Randsenken eingetragener Erosionsschutt

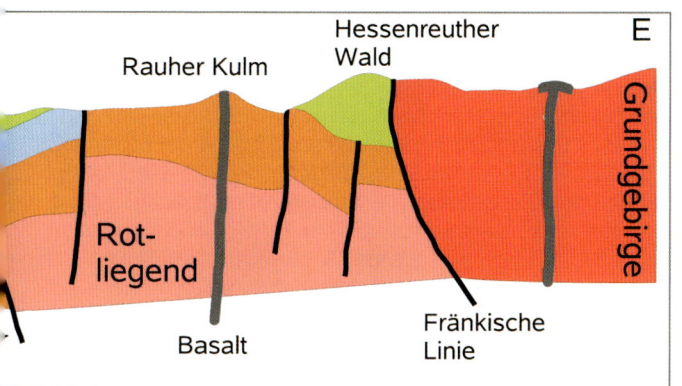
...orland, im Osten das kristalline Grundgebirge getrennt durch die Fränki... ...6).

Geologie und Landschaft der Nördlichen Oberpfalz

Die Verkarstung schafft Hohlräume in Karbonatgesteinen

Im Laufe des Tertiärs hatten die Pol- und Kontinentlagen Positionen erreicht, die der heutigen Weltkarte schon sehr ähnlich sehen. Es war die Zeit, in der sich weltweit durch die alpidische Gebirgsbildung das Gesicht der Erde veränderte, denn diese Orogenese umfasste nicht nur die Alpen, sondern türmte auch Gebirge wie den Himalaya auf. Und diese Gebirgsbildung ist bis heute noch nicht vollständig abgeschlossen, wie die durch aktuelle Krustenbewegungen verursachten Erdbeben in Europa und Asien sowie die vulkanischen Aktivitäten in Italien noch heute deutlich beweisen.

Im Alttertiär waren der Süd- und Nordatlantik schon weit geöffnete Meeresräume, die den europäischen und afrikanischen Kontinent vom amerikanischen trennten. Afrika, Arabien und Vorderindien waren zu dieser Zeit noch durch das ziemlich breite Tethys-Meer von Europa und Asien getrennt. Durch den nordwärts driftenden afrikanischen Kontinent engte sich die Tethys langsam zum heutigen Mittelmeer ein, während die Alpen weiter wuchsen.

Tertiäre Braunkohlelagerstätten

Unter den immer noch subtropischen bis tropischen Klimabedingungen des Tertiärs entstanden in den Flussniederungen üppige Auenwälder, welche die Biomasse für die früher bedeutenden Braunkohlelagerstätten im Raum Schwandorf lieferten. Deren Abbau wurde jedoch schon in den 70er Jahren des 20. Jahrhunderts eingestellt. Aber auch in der Nördlichen Oberpfalz kam es in Becken und Senken wie zum Beispiel bei Pechbrunn im Landkreis Tirschenreuth zur Bildung kleinerer Braunkohlevorkommen. Diese stehen allerdings in engem Zusammenhang mit einer der wichtigsten geologischen Entwicklungen in diesem Raum: der Bildung des Egergrabens. Diese gut in der Landschaft erkennbare Riftzone, die sich parallel des Südstrandes des Erzgebirges erstreckt, bedingte einen regen Basaltvulkanismus, der für die Bildung markanter Vulkane wie den Parkstein, den Rauhen Kulm oder auch den Teichelberg verantwortlich zeichnet.

Während des tropisch-subtropischen Klimas im Tertiär prägten Rumpfflächen infolge einer tiefgründigen und flächi-

Eine bewegte Geschichte: Geologie und Tektonik der Oberpfalz

gen Verwitterung das Landschaftsbild. Wurden Granite davon erfasst, entstanden Kaolinlagerstätten, die beispielsweise bei Tirschenreuth noch heute abgebaut werden.

Kaolinlagerstätten s. Seite 60 und 86

Trotz seiner kurzen Dauer stellt das noch heute andauernde Quartär eine Epoche mit einschneidenden paläogeographischen Veränderungen dar. Während sich die Gebirgsbildungsprozesse und die vulkanische Tätigkeit in Mitteleuropa deutlich abschwächten, sind sie im Umkreis des Mittelmeeres und im zentralasiatischen Raum noch voll im Gange.

Das Quartär

Die auf der Nordhalbkugel wichtigsten Ereignisse waren jedoch die Eiszeiten, in denen die Gletscher aus den Polregionen und aus den Alpen weit in ihr Vorland vorstießen. Die Oberpfalz war zwar nicht vergletschert, doch herrschten hier arktische Bedingungen und Permafrost prägte das Verwitterungsgeschehen. Selbst in den Sommermonaten taute der Boden nur oberflächlich auf. Die höchsten Erhebungen waren wohl weitgehend von Schnee und Eis bedeckt, eine Vergletscherung lässt sich jedoch nicht nachweisen.

Die quartären Vereisungen

Für die Ausgestaltung der Landschaft hatte diese Zeit weitreichende Folgen. An den Hängen setzten sich schon bei sehr geringen Neigungen oberflächlich aufgetaute Böden und Lockersedimente in Bewegung und flossen hangabwärts. Dieser als Solifluktion bezeichnete Prozess führte dazu, dass höhere Gebiete langsam von ihrem Mantel aus tertiärem Verwitterungsmaterial befreit wurden, das sich in Tälern und Senken wieder ablagerte. In den Warmzeiten zwischen den Eiszeiten, den sogenannten Interglazialen, bildeten sich Flüsse, die sich in diese Ablagerungen einschnitten, was bei mehrmaligem Wechsel von Warm- und Kaltzeiten schließlich zur Bildung von Flussterrassen führte.

Die jüngsten landschaftsformenden Prozesse

Von untergeordneter Bedeutung für den heutigen Formenschatz der Landschaft ist hingegen das Ausblasen von Lockermaterial aus unbewachsenen Flächen und dessen Verfrachtung durch den Wind. Während in kleineren Teilbereichen noch Ansätze von Lößböden im Deckgebirge zu finden sind, treten ausgeprägte Dünenfelder in der Nördlichen Oberpfalz nicht auf.

Für die letzten großen Landschaftsveränderungen ist der Mensch verantwortlich: Die Rodung der natürlichen Urwälder, die landwirtschaftliche Nutzung, die Anlagen von großen Teichgebieten oder der großflächige Abbau von Bodenschätzen sind nur einige davon.

Geologie und Landschaft der Nördlichen Oberpfalz

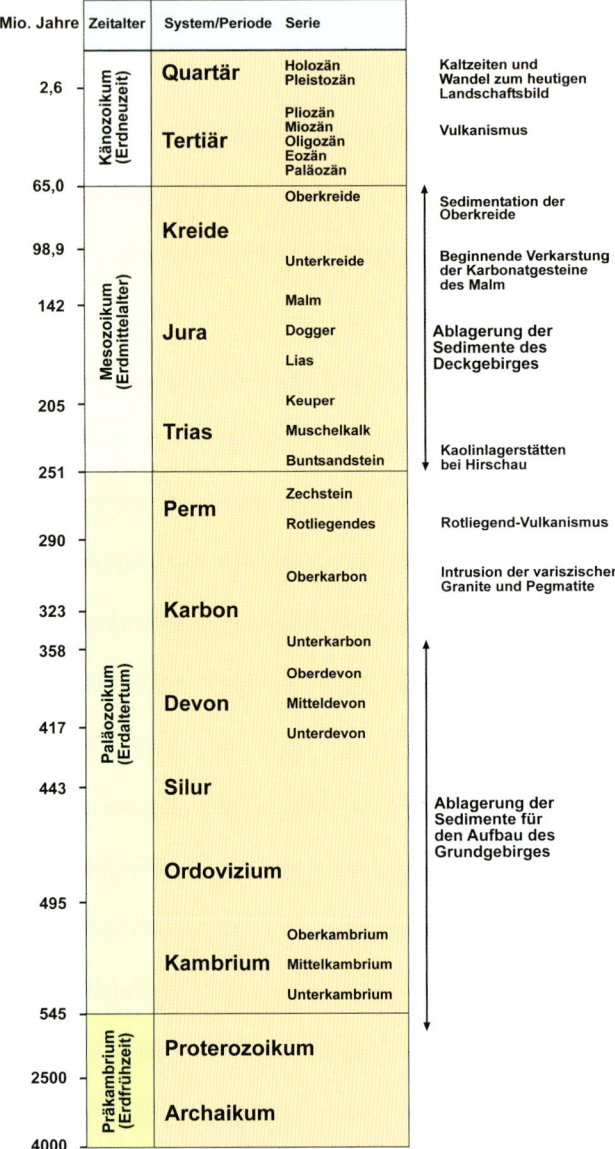

Die geologische Zeittafel mit der zeitlichen Zuordnung der für Nordostbayern wichtigsten Ereignisse in der Erdgeschichte.

Exkursionspunkte im Grundgebirge

Die Gneislandschaften des Alten Gebirges

Im Grundgebirge der Nördlichen Oberpfalz nehmen die Gneise flächenmäßig den größten Anteil ein. Der sprachliche Ursprung des Wortes „Gneis" liegt im uralten bergmännischen Begriff „Geneus", womit sächsische Bergleute das taube, also nicht nutzbare Gestein zwischen den Erzgängen bezeichneten.

Gneise sind metamorphe Gesteine mit einem ausgeprägten Parallelgefüge, für die der Granit-Merkspruch „Feldspat, Quarz und Glimmer, die drei vergess ich nimmer" auch weitgehend gilt. Jedoch sind mineralische Nebenbestandteile wie Cordierit, Disthen, Granat, Epidot, Hornblende, Sillimanit oder Staurolith oft in so erheblichen Mengen enthalten, dass man die Gneise nach diesen benennt beziehungsweise genauer spezifiziert (zum Beispiel als Cordierit-Sillimanit-Gneis).

Nach ihrem Ausgangsmaterial unterteilt man die Gneise in zwei Gruppen: in Orthogneise, die aus magmatischen Gesteinen, und in Paragneise, die aus Sedimentgesteinen entstanden sind. In der Nördlichen Oberpfalz überwiegen die Paragneise.

> Die **Altersbestimmung der Gneise** ist oft problematisch, da mehrere Metamorphoseereignisse das Ursprungsalter verwischt und Fossilien als datierbare Zeitmarken weitestgehend zerstört haben. Seltene Funde von Mikrofossilien in den Gneisen haben in den letzten Jahren einige neue Ansatzpunkte geliefert. Auch die vermuteten Brachiopodenreste im Kalifeldspat-Cordierit-Gneis von Stadlern bei Oberviechtach (ROHRMÜLLER et al., 2000) könnten sich bei Datierungen und Parallelisierung von Gesteinsschichten als hilfreich erweisen. Die daraus abgeleiteten Alter decken sich recht gut mit den Isotopendatierungen von Zirkonen, einem Mineral, das hervorragend zur Altersbestimmung geeignet ist.

Deren Ausgangsgesteine wurden im Rahmen der variszischen Gebirgsbildung durch hohe Temperaturen und Drücke metamorphisiert, also in Aussehen und oft auch in ihrem Mineralbestand verändert. Teilweise waren diese Veränderungen so stark, dass nicht einmal mehr mit Sicherheit die Ausgangsgesteine, geschweige denn deren Alter, bestimmt werden können. Sicher und auch einleuchtend ist jedoch, dass die Gneise zu den ältesten Gesteinen der Nördlichen Oberpfalz gehören, weil sie den Rahmen bilden, in den später Intrusivgesteine wie Granite, Pegmatite, Aplite und Quarzgänge eindrangen.

Genese der Gneise

Pegmatite, Aplite: aus granitischen Restschmelzen entstanden

Exkursionspunkte im Grundgebirge

Biotit-Sillimanit-Granat-Gneis aus Steinach bei Leuchtenberg

Gang: Spaltenfüllung in Festgesteinen

Gneis vom Vorderberg nahe des Großen Steins (s. Seite 51)

Die nun als Gneis vorliegenden ehemaligen Sedimente wurden in einer Zeitspanne vor 650 bis 350 Millionen Jahren abgelagert. Stellenweise waren in den ehemals sandig-tonigen Sedimenten auch kalkreiche Schichten eingelagert. Diese wurden im Rahmen der Metamorphose zu Kalksilikatgesteinen umgewandelt, die heute lagen- oder linsenartig in den Gneisen zu finden sind.

Verwandt mit den Gneisen sind die Migmatite beziehungsweise Anatexite, bei denen die Metamorphose bis hin zur Aufschmelzung (Anataxis) weiterging. In der Nördlichen Oberpfalz sind alle Varianten, von Gneisen bis zu hochgradig metamorphen Migmatiten, anzutreffen. Diesen Gesteinen kommt wirtschaftlich wenig Bedeutung zu, sie werden allenfalls zu Schotter verarbeitet.

Die nach der Verwitterung zurückbleibende Braunerde ist lehmig, meist braun gefärbt und für Oberpfälzer Verhältnisse recht fruchtbar, sodass sie außer für den verbreiteten Kartoffelanbau auch für anspruchsvollere Nutzpflanzen wie Mais oder Getreideanbau gut geeignet ist.

Nur selten sind in der Nördlichen Oberpfalz wirklich gute Gneisaufschlüsse anzutreffen, von denen im nun folgenden Teil die schönsten und interessantesten beschrieben werden sollen.

Der Fahrenberg: ein Oberpfälzer Hausberg

Der Fahrenberg befindet sich 15 km von Weiden entfernt, östlich der Gemeinde Waldthurn. Das überwiegend aus Gneis aufgebaute Gebiet dominiert als weithin sichtbarer Höhenzug sein Umland und überragt das unterhalb liegende Zott-

Die Gneis-Landschaften des Alten Gebirges

bachtal um 280 Höhenmeter. Neben verschiedenen kleineren Gneisaufschlüssen in den Flanken unterhalb des 801 m hohen Gipfels finden sich hier eingelagerte Quarzgänge, Turmalin-(Meta)-Aplitgänge oder Aploide, Amphibolitkörper und als pegmatitische Schlieren bezeichnete Pegmatoide. Bekannt ist er bei Mineraliensammlern für seine zwar selten zu findenden, aber dafür umso interessanteren Mineralbildungen.

Verfalteter Gneis am Feneisenstein

Wegen fehlender Aufschlüsse ist sein Aufbau jedoch nur schwer erkennbar. Eine Ausnahme bildet der Feneisenstein mit seinem mustergültigen verfalteten Biotit-Lagengneis. Ansonsten sind die früher von Bauern von den Feldern aufgelesenen und zu Haufen aufgeschütteten Lesesteine die einzigen Berichterstatter über die Geologie und Mineralogie dieses „Hausbergs" der Region.

Die Felsgruppe Feneisenstein

Obwohl die Felsgruppe Feneisenstein nur rund 300 m südöstlich des Gipfels liegt, ist sie, abseits von Wegen gelegen, weder in Wanderkarten noch in den topographischen Karten eingezeichnet und daher versteckt im Wald nur schwer aufzufinden. Um zu ihr zu gelangen, folgt man vom Gipfel her dem ausgeschilderten Wanderweg nach Vohenstrauß, passiert den als Orientierungspunkt gut erkennbaren Sendemast und geht nach 300 m etwa 80 m ohne Weg nach Osten; das heisst in diesem Falle nach links in den Wald hinein. Hier leistet ein GPS zur genauen Lagebestimmung gute Dienste (N 49.665502° E 12.368030°).

Im östlichen Bereich des Fahrenbergs bis zum Leo-Maduschka-Felsen tritt dagegen Diaphtorit, ein glimmerschieferähnlicher Gneis auf. Bei der Diaphtorese handelt es sich um eine retrograde Metamorphose, bei der ein bereits metamorphisiertes Gestein bei erneut einsetzenden gebirgsbildenden Prozessen in eine höhergelegene Tiefenstufe emporgehoben und damit in einen niedereren Grad der Metamorphose zurückversetzt wurde.

Zeugnisse einer retrograden Metamorphose

Blicken wir zurück in die Erdgeschichte: Die vor rund 500 Millionen Jahren, also im Altpaläozoikum abgelagerten sandig-tonigen Ausgangsgesteine wurden von Metamorphoseprozessen verschieden stark betroffen beziehungsweise umgewandelt. Bis zu fünf Metamorphoseereignisse lassen sich am Fahrenberg nachweisen, wobei das dritte vor rund 335 Millionen Jahren mit einem Druck von nur 3 – 4 kbar, aber sehr hohen Temperaturen von über 750 °C die Gesteine am stärksten geprägt hat und bis zur Aufschmelzung der Ausgangsgesteine (Anatexis) führte.

Ursprung des Namens der Felsgruppe

Der Name der Felsgruppe hat folgenden Ursprung: Vor ungefähr 150 Jahren meißelte der damalige Waldthurner Förster Feneis ein „F" in den Fels und seither wird der Hang als Feneis(en)hang und die Felsgruppe als Feneisenstein bezeichnet.

Nigrine aus den Verwitterungssedimenten des Fahrenbergs

Im Fahrenberg-Gebiet kann man bei genauer Suche das auf den ersten Blick unscheinbare, aber wissenschaftlich hochinteressante Mineral Nigrin finden, dessen Erforschung in den letzten Jahren viel zur Erklärung der Geologie und Mineralogie dieses Gebietes beigetragen hat. MAY (1904) beschreibt es erstmals als eingewachsene, rundliche Knöllchen, die er zwischen Steinernbühl und Lindenbühl am Nordwesthang des Fahrenbergs fand. Die Bezeichnung „Nigrin" ist im mineralogischen Sinn etwas verwirrend und steht für ein schwarzes Mineralgemenge, hauptsächlich aus Rutil und Ilmenit, das auch in den Bachsedimenten rund um Pleystein häufig zu finden ist. Untersuchungen von DILL et al. (2006, 2007, 2008) belegen die Herkunft dieser Nigrine aus verschiedenen Quarzgängen des Fahrenberg-Massivs.

Der große Oberpfälzer Mineraliensammler Wilhelm Vierling beschreibt im Tal der Zott nördlich Pleystein und im Gehänge des Fahrenbergs schwarze, bis 10 cm lange Turmalinkristalle in pegmatitischen Schlieren des dort anstehenden Gneises (VIERLING, 1975). Ein besonders prächtiges Exemplar aus dem Abhang in Richtung Schafbruck ist im Heimatmuseum in Pleystein zu bestaunen. Einer dieser Pegmatitgänge wurde vor über 100 Jahren sogar in einer kleinen Grube abgebaut und

Die Gneis-Landschaften des Alten Gebirges

Blick auf den Fahrenberg

der dort gewonnene Feldspat wurde in der Porzellanindustrie verarbeitet. Diese ehemalige, nun stark überwachsene Pegmatitgrube kann noch als tiefe Mulde im Gelände aufgefunden werden. Sie liegt linker Hand des gelb-weiß-gelb markierten Wanderwegs vom Zottbachhaus zum Fahrenberg etwa dort, wo die 550-m-Höhenlinie den Weg schneidet (N 49.66645° E 12.39469°).

Wer den Aufstieg von Pleystein aus nicht scheut, erhält auf dem Weg zum Gipfel den wohl besten Einblick in die Auf-

Im Mittelalter bot sich der **Fahrenberg** wegen seiner exponierten Lage für Wehrbauten an. Es entstand vermutlich vor dem Jahr 1200 eine Burganlage, über die historisch nur wenig bekannt ist. Und schon vor mehr als 800 Jahren begannen Wallfahrten auf den Fahrenberg, nachdem ein „Edler von Waldthurn" von einem Kreuzzug ein Gnadenbild (Marienbildnis) mitgebracht und in einer eigens errichteten kleinen Kapelle aufgestellt hatte. Der Fahrenberg ist damit einer der ältesten Wallfahrtsorte Bayerns. Im Jahr 1816 war die Wallfahrt eine der berühmtesten in ganz Bayern. Im Pfarrbericht dieses Jahres heißt es: „Im ganzen Königreiche ist keine Wallfahrt berühmter und weit und breit besuchter". Doch, und das ist die eigentliche Kuriosität, wurde diese Kirche erst am 8. Juli 1904 zum 700-jährigen Jubiläum der Wallfahrt geweiht (MAY, 1904). Die im Stil des späten Rokoko gestaltete Wallfahrtskirche Mariä Heimsuchung mit ihrem 23 m hohen Kirchturm und dem Hochaltar mit dem Gnadenbild einer spätgotischen Madonna mit Kind ist unbedingt einen Besuch wert.

schlüsse des Fahrenbergs und wird zusätzlich mit einer herrlichen Wanderung durch ein idyllisches, nicht überlaufenes Waldgebiet belohnt. Auf dem Gipfel bietet sich dem Besucher bei klarem Wetter ein grandioser Ausblick, der bis zum Parkstein, Rauhen Kulm und nach Flossenbürg reicht.

Weiter Blick vom Gipfel des Fahrenberges

Das Bayerische Landesamt für Umwelt führt den als Naturdenkmal geschützten Feneisenstein, wenig südöstlich von Oberfahrenberg, unter Nr. 374A021 als Geotop.

Der Bergsteiger-Felsen

Ungefähr 2 km nördlich von Pleystein liegt im romantischen Zottbachtal der Leo-Maduschka-Felsen, einer der in der Nördlichen Oberpfalz so seltenen guten Gneisaufschlüsse. Die schroffe, 15 m hohe Felsgruppe direkt an der Straße von Pleystein nach Georgenberg, zwischen der Hagenmühle und der Prollermühle, lässt sich gut mit einer Tour zum Rosenquarzfelsen von Pleystein verbinden.

Rosenquarzfelsen s. Seite 73

Während die Gneisgebiete im Oberpfälzer Wald im Allgemeinen von sanften Hügelketten gekennzeichnet sind, die meist nur von flach eingetieften Flusstälern oder verwitterungsresistenteren Granitkuppen unterbrochen werden, stellt der Leo-Maduschka-Felsen eine Ausnahme dar. Morphologisch ist er im wahrsten Sinne des Wortes herausragend.

> Benannt ist dieser Felsen nach dem am 30. Juli 1875 in der nahen Hagenmühle geborenen Kaufmann und Organisten **Leo Maduschka**, der von 1921 bis 1933 und nochmals nach dem Zweiten Weltkrieg bis Oktober 1946 Bürgermeister von Pleystein war. Der berühmte namensgleiche Bergsteiger, Schriftsteller und Wissenschaftler Leo Maduschka (1908 – 1932) war sein Neffe, der hier als Kind in den Ferien erste Kletterversuche unternahm. Dieser galt als einer der besten Felskletterer seiner Zeit. Er starb bei einem Wettersturz in der Civetta-Nordwestwand in den Dolomiten an Erschöpfung. Seine alpinen Schriften waren wegweisend für die damalige junge Bergsteigergeneration.

Knauern: knollenartige Konkretionen

Der glimmerschieferähnliche Felsen besteht oberflächlich betrachtet aus Biotit-Lagengneis, in den kleinere und größere Quarzknauern eingelagert sind. Genau genommen handelt es sich um einen moldanubischen Diaphtorit, wie wir ihn schon vom Feneisenstein kennen.

Zusammensetzung des Gneises

Mehr als ein Drittel des Gesteins besteht aus Glimmern, wobei der dunkle Biotit überwiegt. Der Rest mit 19 % Quarz, 21 %

Die Gneis-Landschaften des Alten Gebirges

Gneiswand mit Gedenktafel am Leo-Maduschka-Felsen

Plagioklas, 6 % Cordierit und 7 % Sillimanit trägt weit weniger zu seinem Aussehen bei. Das Gestein, das ursprünglich ein Sediment aus Tonen und Sanden war, wurde durch Versenkung in größere Tiefe während gebirgsbildender Prozesse infolge erhöhten Druckes und mehr noch durch hohe Temperatur stofflich und strukturell verändert, was sich am Leo-Maduschka-Felsen in schönen Knitterfalten widerspiegelt.

Geologisch erzählt der Leo-Maduschka-Felsen von der variszischen Gebirgsbildung, die hier vor vielen Jahrmillionen ein bezüglich seiner Erstreckung mit dem Himalaya vergleichbares Hochgebirge aufgetürmt hat. Von diesem Gebirge sind nach Verwitterung und Abtragung nur die heute sanften Hügel geblieben. Die enormen stauchenden und faltenden Kräfte dieser Orogenese kann man kleinformatig an diesem Aufschluss studieren. Die Faltenachse dieser Gneismasse weicht von der im Moldanubikum typischen deutlich ab und streicht in Richtung Nord-Süd und fällt flach nach Norden ein.

Das Bayerische Landesamt für Umwelt führt den Leo-Maduschka-Felsen unter Nr. 374A017 als schutzwürdiges Geotop.

Ein Zeugnis der variszischen Gebirgsbildung

Exkursionspunkte im Grundgebirge

Kalksilikate im Gneis

In der Waldabteilung Gsteinach westlich von Pleystein treten eingelagert im Biotit-Gneis zwei bis zu 40 m mächtige und circa 2000 m lange, von Südost nach Nordwest streichende Kalksilikatgänge zutage. Dieses Geotop befindet sich etwa 100 m östlich des Höhenpunktes 587, wenige Meter nordöstlich des Schullandheimes von Pleystein. In diesem Gebiet liegen verstreut kleinere und größere Kalksilikatbrocken im Wald, in dem auch ein kleiner Felsaufschluss anzutreffen ist.

Während der umgebende Gneis seine Entstehung der Metamorphose toniger und sandiger Ablagerungen verdankt, entstanden aus kalkhaltigen Sedimenten Kalksilikatfels und Kalksilikatgneis. Das im Vergleich zum Gneis seltene Auftreten von Kalksilikatgesteinen ist dadurch zu erklären, dass kalkhaltige, organogene Ablagerungen im Erdaltertum hier nur selten vorkamen.

Eingelagerte Quarzbänder und -schlieren verleihen diesem hellbraunen, manchmal sogar olivgrünen Gestein im frischen Zustand eine deutlich erkennbare lagige Struktur. Nach Untersuchungen von FORSTER (1965) besteht das Gestein zu über 50 % aus Diopsid und 25 % Quarz. Der Rest verteilt sich auf Plagioklas, Klinozoisit, Titanit und einige seltenere akzessorische Mineralien mit Anteilen von unter 0,5 %, wozu verschiedene Erze, Hornblende sowie Vesuvian und Hessonit gehören. Schreitet die Verwitterung voran, führt dies zur Zerstörung der olivgrünen Diopsidlagen, wodurch zwischen den härteren gelblichen bis grauen Quarzlagen feine Rillen entstehen. Dies erleichtert die Bestimmung selbst stark angewitterter Kalksilikate im Gelände.

Mineralogische Besonderheiten

Kalksilikatfels im Anschliff

Dieses Gestein weist an dieser Lokalität als Besonderheit zahlreiche Hohlräume auf, die nicht selten prächtig kristallisierte Mineralien enthalten. Insbesondere sind hier die Hessonitkristalle zu erwähnen, die von TENNYSON (1983) näher untersucht und beschrieben wurden. In der Regel handelt es sich dabei um stark glänzende, reh-

Die Gneis-Landschaften des Alten Gebirges

Der Gneishügel Gsteinach von Süden aus betrachtet

braune bis honiggelbe und ausgesprochen flächenreiche Kristalle, die bis zu Kirschgröße erreichen.

Chemisch analysiert wurden die Hessonite auch vom Oberpfälzer Mineraliensammler Erich Keck, nach dem das in Hagendorf entdeckte Phosphatmineral Keckit benannt wurde (KECK, 1963). Häufig tritt als Begleitmineral der graubraune bis nelkenbraune Vesuvian in typisch längsgestreiften, stengeligen Kristallen auf. Zu den ausgesprochenen Seltenheiten zählen an dieser Fundstelle gut ausgebildete Kristalle von Scheelit, Diopsid, Epidot, Klinozoisit und Wollastonit. Sehenswerte Stücke finden sich nur in älteren privaten Mineraliensammlungen und in besonders guter Qualität im Heimatmuseum in Pleystein.

Das Bayerische Landesamt für Umwelt führt dieses Geotop unter Nr. 374A018 als geologische Sehenswürdigkeit und im Exkursionsführer zur „Geologie im Umfeld der Kontinentalen Tiefbohrung" (STETTNER, 1992) wird dieser Aufschluss als Exkursionsziel empfohlen.

Nachdem in den 70er Jahren allzu eifrige Mineraliensammler wild nach den geschilderten Kristallen gegraben hatten, wurde das Geotop als Naturdenkmal unter Schutz gestellt und ist heute in den PleySteinpfad, einem geologischen Lehrpfad am Gsteinach, eingebunden.

Hessonitkristalle sind eine seltene Granatvarietät

Der Sulzberg: Gold und Urwald

Am sagenumwobenen Sulzberg östlich von Hagendorf soll es Bergbauversuche auf Salz, Gold und Eisen gegeben haben. Salz wurde hier mit Sicherheit nie gefunden, Gold könnte man sich schon eher vorstellen und Eisenerz ist dort sicher vorgekommen. Die heutigen Ortsbezeichnungen Sulzberg, Salzbrunnen, Goldbrunnen und Berghaus gehen auf diese Bergbautätigkeit zurück. Geologisch interessant sind im Hang- und Gipfelbereich die ausgedehnten Biotitgneis-Blockhalden.

Von Pleystein über Miesbrunn kommend erblickt man östlich von Hagendorf den imposanten 755 m hohen Pleysteiner Sulzberg, der nicht mit dem nahen Waidhauser Sulzberg zu verwechseln ist. Dieses Geotop liegt circa 25 km östlich Weiden und 2,5 km nördlich von Waidhaus. Der Sulzberg ist komplett bewaldet, wobei die Kernzone als Naturwaldreservat geschützt ist, in dem jegliche holzwirtschaftliche Nutzung unterbleibt.

> Flurbezeichnungen, Überlieferungen und zahlreiche Sagen lassen auf eine Burganlage in früherer Zeit auf dem **Sulzberg** schließen. Über den Bau, die Besitzer und den Niedergang ist bisher jedoch kaum etwas bekannt. Es könnte sich um eine einfache Wehranlage mit Graben, steinerner Grundmauer und Holzpalisaden, einen sogenannten Burgstall, gehandelt haben. Das „Alte Schloß" befand sich auf einem Nebengipfel auf 720 m Höhe, einige hundert Meter südlich vom Hauptgipfel des Sulzbergs entfernt.

Zusammensetzung des Gneises

Ein erster Blick in die geologische Karte lässt seinen komplexen Aufbau erahnen. Er ist hauptsächlich aus Biotit-Lagengneis und untergeordnet aus feinkörnigem Granit aufgebaut. Der Gneis enthält tapetenartig bis zu 25 % Biotit und verwittert daher rasch, weshalb dieses Gestein nicht einmal als minderwertiger Schotter zu gebrauchen ist. So finden sich in diesem Gestein auch nirgendwo größere Aufschlüsse oder gar Steinbrüche.

Biotit-Gneis vom Sulzberg

Eisenerze treten vielerorts in den Gneisgebieten der Nördlichen Oberpfalz auf. Diese Vorkommen waren aber nur oberflächennah interessant, mit zunehmender Tiefe blieben die Erze aus. Es handelt sich dabei um Raseneisenerz, eine häufige Erzbildung aus der jüngsten

Die Gneis-Landschaften des Alten Gebirges

geologischen Vergangenheit, wobei sich das Eisen aufgrund von Redoxvorgängen im Zusammenspiel mit Grundwasserhorizonten im Boden anreicherte. Das dürfte auch hier der Fall gewesen sein.

Die in Akten von 1627 erwähnten Versuche mit einem 6 – 8 Klafter (10 – 14 m) tiefen Schacht waren wohl nicht sonderlich erfolgreich, weil man nicht auf die ersehnte Erzader stieß. Der verwitterte Gneis ist jedoch beispielsweise beim „Alten Schloß" durchaus eisenhaltig und teilweise rostbraun gefärbt. Untersuchungen von Eisenschlacken aus dem Raum Pleystein (DILL et al., 2006) lassen keine Zweifel aufkommen, dass derartige Erze tatsächlich verhüttet wurden.

Die Beschaffenheit des Gesteins hatte trotzdem Auswirkungen auf das heutige Aussehen des Sulzberges, denn der Gneis verwittert zu einer fruchtbaren Braunerde, welche die Landwirtschaft begünstigt. Im Gneis-Blockmeer auf dem Gipfel dagegen war selbst die Waldwirtschaft zu beschwerlich. So hat sich bis heute eine unverfälschte Bestockung mit einem herrlichen Buchen-Mischwald erhalten. Das Naturwaldreservat Schloßhänge wurde 1992 zum Schutz

Der Sulzberg bei Pleystein

Raseneisenerz als Rohstoff

Durch Eisenhydroxid-Ausfällungen limonitisierter Wurzelkanal

Um das Jahr 1567 wurde auf dem **Sulzberg** nach Salz gesucht. Treibende Kraft soll dabei Kurfürst Friedrich gewesen sein. Dass diesem Vorhaben kein Erfolg beschieden war, verwundert geologisch nicht weiter, da Salz an Sedimente gebunden ist.
Die Bergleute stießen bei ihrer Suche nach Salz aber angeblich auf eine Goldader, die bis zum Jahr 1586 verfolgt wurde. Dieser Bergbau wurde rasch wieder eingestellt, weil die Kosten höher waren als die Erträge.
Kleinere, möglicherweise an Pyrit gebundene Goldanreicherungen kennt man aus der weiteren Umgebung (Eslarn, Neualbenreuth). Von einer Goldader zu sprechen, wäre allerdings stark übertrieben, denn Gold könnte hier bestenfalls fein verteilt im Gestein oder in den Quarzgängen auftreten. Dass auch diese Vermutung wohl nicht zutreffend ist, kann man daraus folgern, dass hier nie ein Bergbau auf sekundäre Seifenlagerstätten stattfand. Das wertvolle Erz wäre nach Verwitterung und Abtragung der goldführenden Gesteine in den Bächen der näheren Umgebung in Form von Seifen angereichert und von unseren Vorfahren, die jeden Bach der Oberpfalz nach Gold absuchten, aufgefunden und ausgebeutet worden. Und darüber wiederum gäbe es bestimmt auch Aufzeichnungen.

des ursprünglichen Buchenwalds mit Edellaubhölzern ausgewiesen. Es umfasst knapp 40 Hektar. Eine Wanderung durch das urwaldähnliche Schutzgebiet vermittelt faszinierende Einblicke in einen heute selbst in der Oberpfalz selten gewordenen Lebensraum.

Der Teufelsstein: vulkanisches Gestein im Gneis

Der Fischerberg östlich von Weiden ist als Landschaftsschutz- und Naherholungsgebiet ein beliebtes Ausflugsziel, in dem der sagenumwobene Teufelsstein (im Volksmund auch Teufelsstuhl genannt) liegt. Zur Namensgebung „Teufelsstein", „Teufelsfelsen" oder „Teufelsstuhl" kann man nur Vermutungen anstellen. Man braucht aber nur ein wenig länger hinsehen und schon kann man einen überdimensionalen Stuhl in diese Felsgruppe hineindeuten.

Herkunft des Namens

Diese markante Gneis-Felsgruppe ragt steil aus dem Abhang nördlich der Straße von Weiden nach Vohenstrauß, aber es führt kein bequemer Wanderweg direkt zu dieser sehenswerten Felsnase. Man erreicht sie am einfachsten von der Ausflugsgaststätte Blockhütte, wenn man der weiß-rot-weißen Wandermarkierung in westlicher Richtung über einen steilen Fußweg folgt und sich auf einem gut ausgebauten Waldwirtschaftsweg links hält. Kurz nach einer überdachten Sitzgruppe erkennt man den Teufelsstein links an einem

Die Gneis-Landschaften des Alten Gebirges

steilen Abhang. Weder in Wanderkarten noch in topographischen Karten ist diese Felsgruppe eingezeichnet, sodass die GPS-Daten (N 49.681041° E 12.213417°) das Auffinden erleichtern.

Schon auf den ersten Blick fällt hier ein ungewöhnliches Gestein, der Quarzporphyr (richtiger: Rhyolith) auf, der den aus Gneis bestehenden Teufelsstein scheinbar unterlagert. Das ist zunächst verwunderlich, weil der Gneis wesentlich älter ist als der darunterliegende Rhyolith. Die Erklärung für dieses Phänomen ist ganz einfach darin zu sehen, dass der Rhyolith ein vulkanisches Gestein ist, das in seiner Zusammensetzung dem Granit entspricht. Eine derartige magmatische Schmelze drang im Perm vor etwa 270 Millionen Jahren in tektonisch bedingten Gesteinsspalten nach oben und kristallisierte in mehreren Gängen mit Mächtigkeiten von bis zu 300 m aus. Am Teufelsstein und an einigen anderen Stellen sind darin bis 4 cm große Orthoklaskristalle eingelagert.

Der Teufelsstein auf dem Fischerberg

Der Teufelsstein selbst besteht aus Biotit-Gneis, der sichtbar verfaltet ist. Insgesamt macht das Gestein wegen des hohen Biotitanteils einen dunklen Eindruck und hebt sich so gut vom hellgrauen bis grünlichen Rhyolith ab. Besonders gut ist der Biotit-Gneis im aufgelassenen Steinbruch an der Blockhütte aufgeschlossen, wo er früher als Schotter für den Straßenbau abgebaut wurde.

Beschaffenheit des Gneises

> Die Sage erklärt die **Entstehung des Teufelssteins** ganz anders als die moderne Geologie. Demnach soll der Bau der Michaelskirche im nahe gelegenen Weiden dem Teufel ein schlimmer Dorn im Auge gewesen sein und so beschloss er, sie durch den Wurf mit einem riesigen Stein zu zerstören. Als er jedoch bemerkte, dass die Kirche schon geweiht war und er keine Macht mehr über sie hatte, schleuderte er den Felsen voller Wut auf den Fischerberg, wo er heute noch liegt.

Exkursionspunkte im Grundgebirge

Der „Eiserne Hut" von Pfaffenreuth

Die Schwefelkiesgrube Bayerland

Einen Kilometer südlich der Ortschaft Pfaffenreuth nahe der Klosterstadt Waldsassen im Landkreis Tirschenreuth steht am Teichtelrangen ein „Eiserner Hut" (N 49.959703° E 12.336273°) an. Ein mit einer Schranke für den Verkehr gesperrter, aber zu Fuß begehbarer Weg führt zum Gelände der im Jahr 1971 stillgelegten Schwefelkiesgrube Bayerland. Man folgt dieser Teerstraße einige hundert Meter, bis auf der linken Seite ein Hinweisschild auf den „Eisernen Hut" aufmerksam macht.

Genese der Lagerstätte

syngenetisch: zeitgleich mit den Sedimenten gebildet

Diese syngenetischen sulfidischen Eisenerzvorkommen gelangten durch die Abtragung des darüberliegenden Gesteins im Laufe der Erdgeschichte an die Erdoberfläche, wo die Erznester rasch unter den Einfluss der tiefgründigen, lateritischen Verwitterung während des subtropischen bis tropischen Klimas im Tertiär gerieten. Dabei oxidierten einerseits die Erze an der Erdoberfläche und andererseits wurden leichter lösliche chemische Elemente wie zum Beispiel auch Schwefel ausgewaschen und in tieferen Lagen wieder angereichert. Die Oxi-

Der Eiserne Hut von Pfaffenreuth

Die Gneis-Landschaften des Alten Gebirges

dation des Erzkörpers setzte sich sukzessive bis in eine Tiefe von ungefähr 40 m fort. Zurück blieben die körnigen und porigen Quarzmassen, die von Limonitnestern (einem Eisenhydroxid) durchsetzt sind. Dieses Mineralgemenge zeigt sich im Gegensatz zum umgebenden ordovizischen Phyllit als ausgesprochen verwitterungsresistent, sodass ein die Umgebung um mehrere Meter überragender „Eiserner Hut" als morphologischer Härtling zurückblieb. Dass er den jahrhundertelangen Erzbergbau überdauerte, ist seinem selbst für damalige Verhältnisse zu geringen Erzgehalt zu verdanken.

Laterit: roter, intensiv verwitterter eisen- und aluminiumreicher Boden der Tropen und Subtropen

Die in der Nähe der späteren Grube Bayerland vorkommenden Eisernen Hüte fielen der einheimischen Bevölkerung wegen ihrer rostbraunen Farbe sicher schon früh auf und gerade in der Oberpfalz, dem Ruhrgebiet des Mittelalters, zog dieses Erzvorkommen zwangsläufig das bergbauliche Interesse auf sich. Historisch belegt ist der Abbau dieser zwar nicht sehr erzreichen, aber leicht zu gewinnenden Eisenvorkommen seit dem 16. Jahrhundert. Und dieser oberflächennahen Erzgewinnung fielen die meisten der dort früher sicher zahlreicheren Eisernen Hüte zum Opfer.

Historischer Eisenerzbergbau

Einen weiteren Abbau in die Tiefe verhinderte der starke Zustrom von Grundwasser, den man mit den technischen Möglichkeiten dieser Zeit nicht bewältigen konnte. So geriet diese Lagerstätte in Vergessenheit und erst Ende des 18. Jahrhunderts wagte man sich mit den Gruben Maximilian und Karl Ludwig wieder an den Abbau der noch vorhandenen Limonitvorkommen, die schon Mathias von Flurl in seiner „Beschreibung der Gebirge von Baiern und der Oberen Pfalz" im Jahr 1782 erwähnt. Ungleichmäßige Erzgehalte, hohe Gehalte an Schwefel und Kupfer sowie die Entdeckung reicherer Eisenerzlagerstätten in Bayern (wie zum Bespiel im Raum Amberg und Sulzbach-Rosenberg) machten einen wirtschaftlichen Betrieb schließlich unmöglich, was zur Schließung der beiden Gruben im Jahr 1876 führte.

Im Jahr 1916, also während des Ersten Weltkrieges, rückte das Erzvorkommen wieder in den Blickpunkt des Bergbaus. Weil Deutschland durch die Blockade der Alliierten von den internationalen Warenströmen und Rohstoffmärkten abgekoppelt war, zwang die herrschende Rohstoffknappheit auch zum Abbau weniger interessanter Lagerstätten.

Wiederbelebung des Bergbaus

Als Erkundungsarbeiten zur Entdeckung eines wirtschaftlich interessanten Kieserz-Lagers, des sogenannten Pyrit-La-

Exkursionspunkte im Grundgebirge

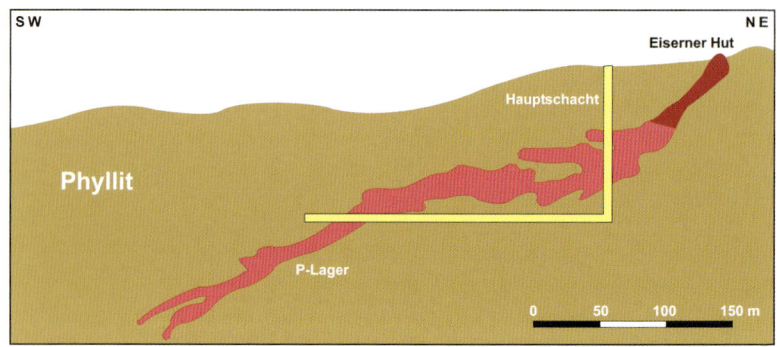

Schnitt durch die Eisenerz-Lagerstätte der ehemaligen Grube Bayerland bei Pfaffenreuth / Waldsassen. Der Erzkörper liegt konkordant im Quarzphyllit und streicht oberflächlich im Eisernen Hut aus (nach STRUNZ (1953)).

gers, führten, wurde im Jahr 1922 der Bergbau erneut aufgenommen und im Jahr darauf die Bergbau-AG Bayerland gegründet. Im Jahr 1938 wurde schließlich ein weiteres Erzlager entdeckt, das im Gegensatz zum P-Lager überwiegend aus Magnetkies bestand und daher auch M-Lager genannt wurde. Auch hier zwang die Isolation Deutschlands während des Zweiten Weltkrieges zur Forcierung des Bergbaus und so wurde das M-Lager in den Kriegsjahren 1941 und 1942 durch den Gottes-Hilfe-Schacht und den Joachim-Wetterschacht erschlossen.

Das Wirtschaftswunder in Deutschland und ein wachsender Rohstoffbedarf ließ die Bergbautätigkeit bis in die 60er Jahre des 20. Jahrhunderts hinein andauern, wobei immer mehr der Schwefel im Fokus des Interesses stand. Die Wirtschaftlichkeit der mittlerweile von der Sachtleben AG betriebenen Grube Bayerland ließ von da an wegen der gesunkenen Weltmarktpreise für Schwefel jedoch stark nach. Dies hatte zur Folge, dass der Bergbau am 30. September 1971 endgültig eingestellt wurde.

Limonit mit bunten Anlauffarben

Von diesem ehemaligen Bergbaubetrieb blieb nur wenig

erhalten: lediglich das Grubengebäude und die durch den Schwefel völlig versauerten und eingeebneten Halden sind heute noch zu sehen. Da eine Wiederaufforstung des ehemaligen Haldengeländes ausgesprochen kostspielig und schwierig ist, wird dieses Areal jetzt als Trainingsgelände für den Motorsport genutzt.

Überreste des einstigen Bergbaus

Erfreulich ist aus bergbauhistorischer Sicht, dass zumindest der Förderturm der Grube Bayerland nicht verschrottet wurde, sondern heute als Wahrzeichen des Bergbaumuseums in Theuern im Landkreis Amberg-Sulzbach wieder aufgebaut wurde.

Der im Eisernen Hut als „Brauner Glaskopf" vorkommende Limonit mit seiner oft hochglänzenden Oberfläche und den manchmal bunt schillernden Anlauffarben erregte schon bald das Interesse von Mineraliensammlern. In den 70er Jahren des 20. Jahrhunderts artete die Sammeltätigkeit zu wüsten Grabungen aus, die früher oder später zur Zerstörung des Eisernen Hutes geführt hätten. So sah man sich gezwungen, dieses geologische Kleinod mit seinen Mineralvorkommen als Naturdenkmal auszuweisen, um übereifrige Sammler von der Suche nach Glasköpfen und der weiteren Zerstörung dieses geologisch eindrucksvollen Geotops abzuhalten.

Die Serpentinite der Nördlichen Oberpfalz

Im Grundgebirge des Oberpfälzer Waldes treten an einigen Stellen Serpentinitvorkommen unterschiedlicher Größe auf, die auf olivinreiche, magnesium- und eisenreiche magmatische Ausgangsgesteine (Mafite) zurückzuführen sind. Diese wurden im Laufe der Erdgeschichte durch Metamorphose in die nun zutage tretenden Serpentinite umgewandelt. Da sie im Vergleich zu den Umgebungsgesteinen sehr verwitterungsresistent sind, bleiben sie als über das Geländeniveau herausragende Härtlinge erhalten.

Genese und Eigenschaften der Serpentinite s. Seite 37 und 40 sowie Abb. Seite 12

Während sie in der Grünschieferzone von Erbendorf flächenhaft auftreten, sind sie ansonsten nur kleinräumig zu beobachten. Aufgeschlossen sind sie am besten in den Steinbrüchen bei Niedermurach und Winklarn im Landkreis Schwandorf. Das Betreten der Abbaue ist jedoch aus Sicherheitsgründen nicht erlaubt, sodass nur wenige gute Aufschlüsse für den geologisch Interessierten zugänglich sind.

Grünschiefer s. Seite 37

Der Serpentinit-Härtling am Föhrenbühl

Östlich der Ortschaft Grötschenreuth nordwestlich von Erbendorf liegt ein Waldgebiet, das sich in seiner Vegetation deutlich von der seiner Umgebung unterscheidet. Während im Erbendorfer Raum Fichtenwälder das Landschaftsbild dominieren, hebt sich das Naturschutzgebiet Föhrenbühl mit seinen lichten Kiefernwäldern davon ab. Die Kiefer als anspruchsloser Baum spiegelt die Nährstoffarmut der hier vorkommenden Böden mit ihrer dünnen Humusschicht wider. Deshalb treten hier viele Pflanzenarten auf, die in Bayern nur an ganz wenigen Stellen vorkommen und daher einen besonderen Schutz genießen. Darunter befinden sich neun verschiedene Farne, von denen der streng geschützte, aber unscheinbare Braungrüne Streifenfarn (*Asplenium adulterinum*) besonders erwähnenswert ist. Diese Zeigerpflanze, die nur auf sehr nährstoffarmen, aber magnesiumreichen Ultrabasiten zu finden ist, deutet auf das Vorkommen von Serpentinit im Untergrund hin.

Gesteinswechsel spiegeln sich in der Vegetation wider

Serpentinit-Hornfels am Föhrenbühl

Die Serpentinite der Nördlichen Oberpfalz

Die Serpentinit-Hornfelse des Föhrenbühls bilden zusammen mit den Amphiboliten und Grünschiefern die Erbendorfer Grünschieferzone, einen tektonisch eng begrenzten und nur einen Kilometer langen Gesteinskomplex. Nördlich des Föhrenbühls verläuft die Grenze zwischen den ultrabasischen und basischen Gesteinen dieser Schuppe. Während die Serpentinite mit weniger als 45 Gewichtsprozent Kieselsäure als ultrabasisch eingestuft werden, zählen die Grünschiefer und Amphibolite mit 45 – 52 Gewichtsprozent Kieselsäure zu den basischen Gesteinen.

Vorkommen und Zusammensetzung der Serpentinite

Der Kammbereich des Föhrenbühls besteht aus verwitterungsresistentem Serpentinit-Hornfels, der durch die Kräfte der Verwitterung und Erosion aus dem weicheren Gneis als Härtling herauspräpariert wurde.

Hornfels: hartes, feinkörniges, kontaktmetamorphes Gestein

Die basischen Anteile der Erbendorfer Grünschieferzone sind auf Basalte eines ehemaligen Ozeanbodens und die ultrabasischen Gesteine auf das darunterliegende Material aus dem oberen Erdmantel zurückzuführen. Als vor mehr als 375 Millionen Jahren, also im Devon, verschiedene Kontinentalblöcke kollidierten, wurden Teile dieses ehemaligen Ozeanbodens zwischen diesen eingekeilt und in größere Tiefen subduziert. Später kamen diese Krustenteile durch Hebungsprozesse wieder näher an die Erdoberfläche. Unter Wasseraufnahme und bei abnehmenden Temperaturen und Drücken wandelten sich die olivinreichen ultrabasischen Gesteine des Erdmantels in Serpentinite um. Aus den basischen Gesteinen entstanden hingegen Grünschiefer und Amphibolite. Außer den Serpentinmineralien entstanden Talk und Chlorit, die in Bereichen starker tektonischer Durchbewegung die bergbaulich interessanten Specksteinlager bildeten. Diese leicht bearbeitbaren Gesteine waren früher als Rohstoff für feuerfeste Produkte sehr gefragt.

Genese

Subduktion: Das Abtauchen einer Erdplatte unter eine andere

Am Ende der variszischen Gebirgsbildung im Oberkarbon kam es zur Intrusion glutflüssiger Magmen in die damalige Erdkruste, die den heutigen Steinwaldgranit bilden. Dieses thermisch bedeutende Ereignis führte zu weiteren Gesteinsumwandlungen: Aus den Serpentiniten entstanden die heute am Föhrenbühl anstehenden Serpentinit-Hornfelse. Die darin enthaltenen Hornblenden sind für das körnige Aussehen dieses Gesteins verantwortlich.

Thermische Überprägung der Serpentinite

Besser aufgeschlossen als am Föhrenbühl sind die Gesteine der Erbendorfer Grünschieferzone in einem ehemaligen Stein-

Steinbruch Marienstollen

Steinbruch Marienstollen bei Erbendorf

Serpentinit vom Steinbruch Marienstollen

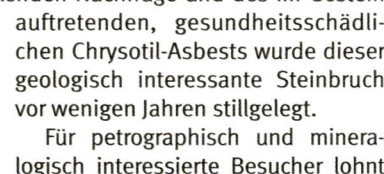

bruch circa 1 km nördlich von Erbendorf, direkt an der Straße in Richtung Marktredwitz. Dieser in der Gegend als Marienstollen bekannte Steinbruch hat seinen Namen von einem ehemaligen Untertageabbau auf Topfstein. Später wurde der schwierige Abbau unter Tage aufgegeben und der Rohstoff über Tage in einem kleinen Steinbruch gewonnen. Der hier vorkommende Speckstein wurde unter anderem zu Talkumpuder verarbeitet, während die harten Serpentinite als Schotter Verwendung fanden. Wegen der sinkenden Nachfrage und des im Gestein auftretenden, gesundheitsschädlichen Chrysotil-Asbests wurde dieser geologisch interessante Steinbruch vor wenigen Jahren stillgelegt.

Für petrographisch und mineralogisch interessierte Besucher lohnt sich der Besuch des Steinbruchs auch heute noch, denn dort lassen sich schöne Serpentin-Brocken finden. Der von diesem Steinbruch in Mineraliensammlerkreisen früher begehrte Strahlstein (Aktinolith) ist jedoch nur noch als Beleg zu bergen. Die großen Kristallstufen mit Aktinolith, die zu den besten in Deutschland gefundenen zählen, sind ebenso wie Kristalle von Aragonit, Magnesit und Pseudomorphosen von Speckstein nach Dolomit (WEBER, 2003) aber längst Geschichte.

Aktinolith in Speckstein vom Steinbruch Marienstollen

Auf der gegenüberliegenden Seite der sich idyllisch durch die Landschaft schlängelnden Fichtelnaab liegt nahe der Rohrmühle ein kleiner, ehemaliger Steinbruch. Dort fanden sich früher im Chloritschiefer reichlich Magnetitkristalle bis zu einer Größe von 1 cm. Um zu diesem Vorkommen zu gelangen, biegt man in Erbendorf von der Hauptstraße in Richtung des Friedhofs in die Bergwerkstraße ab, die in den Rohrmühlweg übergeht. Diesem folgt man bis zum Ende der befahrbaren Straße an der Rohrmühle und folgt dem parallel zur Fichtelnaab verlaufenden Rad- und Wanderweg circa 300 m. Direkt am Wegrand befindet sich links im Wald der mittlerweile verwachsene Steinbruch. Auch wenn keine großartigen Funde mehr zu erwarten sind, lässt sich mit etwas Glück noch Magnetit in kleinen Kristallen finden. In diesem steilen und insbesondere nach Regenfällen rutschigen Gelände sind festes Schuhwerk und wegen des stark verwitterten Chloritschiefers an den Wänden auch ein Schutzhelm dringend zu empfehlen.

Magnetitvorkommen

Pseudomorphose: stoffliche Umwandlung von Mineralien unter Erhalt der Kristallform

Bis zu 1 cm große oktaedrische Magnetitkristalle von der Rohrmühle

Wie vielfältig der Erbendorfer Raum in geologischer und mineralogischer Sicht ist, zeigen die hier vorkommenden Rohstoffe. In den rhyolithischen Gesteinen des Kornbergs kamen wunderschöne Achate vor. In einem Bergwerk am westlichen Ortsrand von Erbendorf wurden seit dem Mit-

Exkursionspunkte im Grundgebirge

Einstige Bergbau-aktivitäten

Gold, wie es aus vielen Bächen in der Oberpfalz bekannt ist

Seifen: Anreicherung verwitterungsresistenter Mineralien

telalter Silber, später Kohle, Kupfer- und Bleierze gefördert und in den Schottern und Sanden der Bäche südwestlich von Erbendorf zeugen Seifenhügel vom einstigen Goldbergbau. Dort können Goldwäscher auch heute noch fündig werden, wenngleich die „Nuggets" nur in den seltensten Fällen größer als 1 mm sind. In der Abteilung „Geologie, Mineralogie und Bergbau" des Heimatmuseums im Alten Kloster von Erbendorf in der Kirchgasse zeugen die schönen Exponate von diesem Reichtum.

Der Serpentinit-Fels von Waldau

Waldau liegt 3 km nordwestlich von Vohenstrauß und trägt auf dem Schlossberg inmitten des Ortes eine kleine Burganlage. Er besteht aus graugrünem Serpentinit, jenem umgewandelten ultrabasischen Tiefengestein, das schon aus dem Erbendorfer Raum beschrieben wurde. Weil er der Erosion wesentlich besser widerstand als der ihn umgebende Gneis, blieb er als Härtling erhalten. Die wenigen Aufschlüsse an der Burg sind wegen der Bebauung und dem dichten Bewuchs leider nur schwer zugänglich, doch geben die im Ort aufgestellten frischen Serpentinitblöcke eine gute Möglichkeit zum Studium dieses Gesteins.

Genese der Serpentinite

Die wenigen Serpentinitvorkommen im Bereich der Nördlichen Oberpfalz sind nur selten gut aufgeschlossen. Ihren Ursprung haben sie, wie man aus ihrem Chemismus und Mineral-

Serpentinit von Waldau

bestand ableiten kann, im oberen Erdmantel in einer Tiefe von circa 60 km. Magmatische ultramafische, also kieselsäure- und wasserarme olivinreiche Schmelzen bildeten deren Ausgangsmaterial. Sie wur-

Die Serpentinite der Nördlichen Oberpfalz

den in einem als Metasomatose bezeichneten geochemisch komplexen Vorgang serpentinisiert. Dabei nahm das Gestein bei hohen Temperaturen in vermutlich geringer Tiefe Wasser auf, was zu Umwandlungen im Mineralbestand führte. Olivin wurde dabei zu Serpentin umgewandelt. Neben diesen chemischen Vorgängen spielte die Druckentlastung eine bedeutende Rolle, denn im Serpentinit sind die ursprünglichen Hochdruckmineralien zu Niederdruckmineralien umkristallisiert (retrograde Metamorphose).

Metasomatose: stoffliche Veränderung durch heiße, mineralhaltige Lösungen

Die Abstammung von vulkanischen Schmelzen verrät uns der hohe Eisengehalt in Form von Magnetit, der nicht nur für die dunkle Farbe, sondern auch für seine magnetischen Eigenschaften verantwortlich ist. Der Magnetismus ist hier so stark, dass sogar die Kompassnadel abgelenkt wird. In vielen Ländern bringen Serpentinite ab und zu Edelsteine und wirtschaftlich nutzbare Erze wie zum Beispiel Chrom aus der Tiefe mit, was bei den Oberpfälzer Vorkommen jedoch nicht der Fall ist.

Der Magnetit lenkt hier Kompassnadeln ab

Der Waldauer Serpentinit-Fels ist als Naturdenkmal unter Schutz gestellt und das Bayerische Landesamt für Umwelt führt den Felsen unter Nr. 374A012 als schützenswertes Geotop.

Die **Waldauer Burg** wurde erstmals im Jahr 1224 erwähnt und die Herren von Waldau waren, wie Urkunden berichten, regelrechte Raubritter. So wurde Heinrich von Waldau 1315 mit dem Kirchenbann belegt, nachdem er plündernd durch das Land gezogen und unter anderem die Kirche von Pirk südlich von Weiden zerstört und Besitztümer des Klosters Waldsassen geraubt hatte.

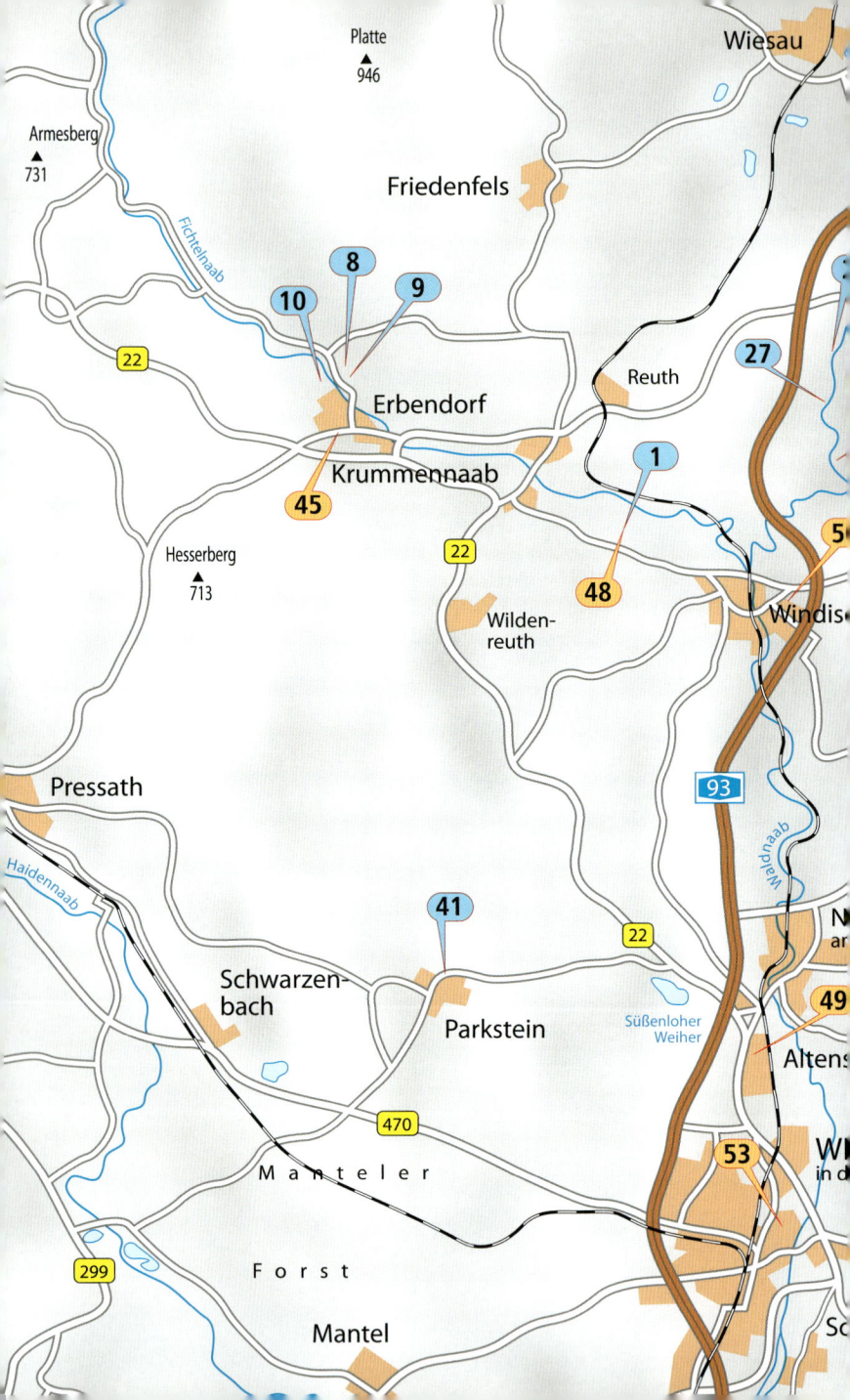

Geologische Objekte

1	Geozentrum KTB
6	Teufelsstein
8	Föhrenbühl
9	Marienstollen
10	Rohrmühle
20	Wolfenstein
23	Große Teufelsküche
24	Kleine Teufelsküche
25	Doost
26	Sauerbrunnen
27	Teufels Butterfass
28	Gletschermühle
29	Amboss
30	Burgberg Falkenberg
41	Parkstein

Ausstellungen / Sammlungen

45	Erbendorf Bergbau- u. Heimatmus.
48	KTB Mineralien-Sammlung
49	Altenstadt Mineralien-Sammlung
50	Neuhaus Mineralien-Sammlung
53	Weiden Sammlung d. Oberpf. Waldvereins
54	Trauschendorf Naturfreunde-Sammlung

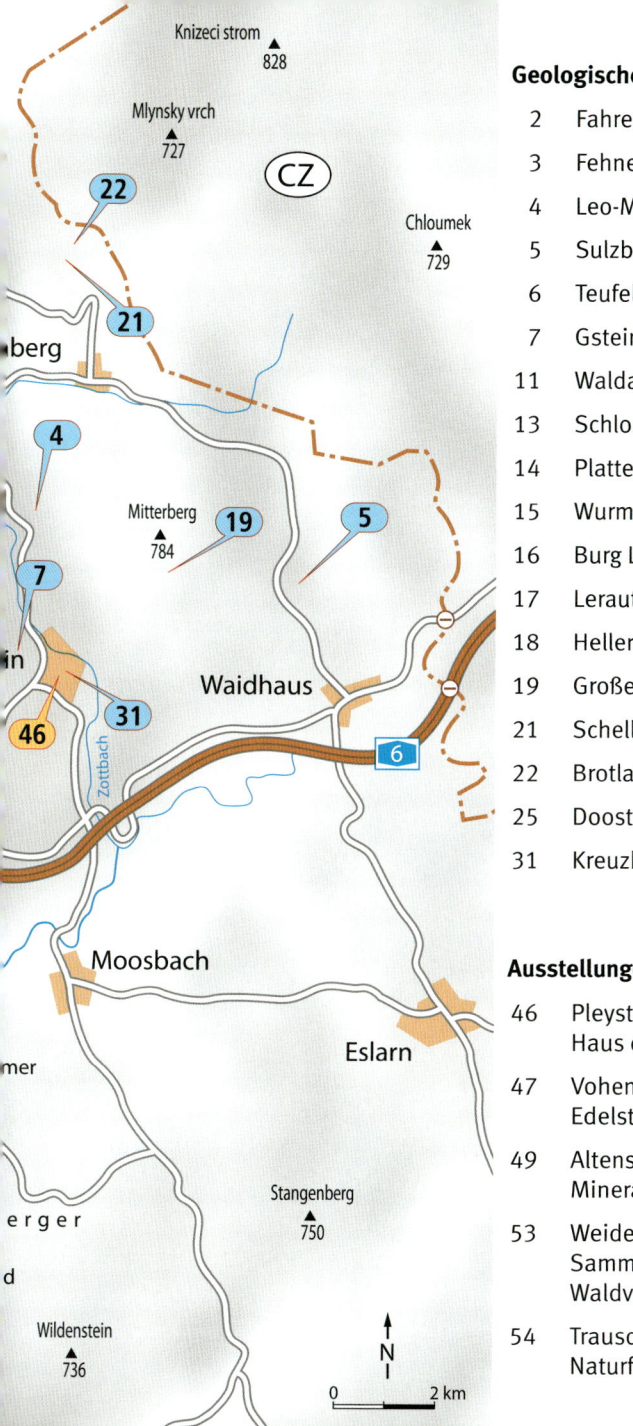

Geologische Objekte

2	Fahrenberg
3	Fehneisenstein
4	Leo-Maduschka-Felsen
5	Sulzberg
6	Teufelsstein
7	Gsteinach
11	Waldau
13	Schlossberg Flossenbürg
14	Plattenberg
15	Wurmstein
16	Burg Leuchtenberg
17	Lerautal
18	Heller Stein
19	Großer Stein
21	Schellenberg
22	Brotlaib
25	Doost
31	Kreuzberg

Ausstellungen / Sammlungen

46	Pleystein Haus der Heimat
47	Vohenstrauß Edelsteinmuseum
49	Altenstadt Mineralien-Sammlung
53	Weiden Sammlung d. Oberpfälzer Waldvereins
54	Trauschendorf Naturfreunde-Sammlung

Die Granitlandschaften der Nördlichen Oberpfalz

Verbreitung der Granite s. Karte auf folgender Seite

Zu den auffälligsten und schönsten geologischen Landschaftselementen zählen die zahlreichen Granitkuppen im Grundgebirge der Nördlichen Oberpfalz. In diesen Granitarealen finden sich viele sehenswerte Geotope, die hier nicht alle beschrieben werden können, doch möchten wir zumindest einige der interessantesten unter ihnen vorstellen.

Blick über Erbendorf auf den Steinwald

Der alte Merkspruch „Feldspat, Quarz und Glimmer, die drei vergess ich nimmer" hat schon vielen Schülergenerationen geholfen, sich die Hauptgemengeteile des Granits im Gedächtnis zu halten. Zu diesen typischerweise 35 – 50 % Feldspat, 30 – 40 % Quarz, und Glimmern (Muskovit und Biotit) gesellen sich akzessorisch unter anderem Apatit, Zirkon, Granat und verschiedene Erzmineralien. Granit, dessen Name sich wegen der körnigen Beschaffenheit vom lateinischen Wort „granum" (Korn) ableitet, ist nach den Gneisen das im Oberpfälzer Grundgebirge am weitesten verbreitete Gestein. Er nimmt hier eine Fläche von circa 480 km² ein. Entsprechend seinem Mineralgehalt besitzt jeder Granit einen hohen Anteil an Silizium und damit an Kieselsäure, weshalb die den Granit bildenden Schmelzen als „sauer" bezeichnet werden.

Entstehung der Granite

Abb. zur Paläogeographie s. Seite 10 und 13

Die Granite der Nördlichen Oberpfalz entstanden zum Ende der variszischen Gebirgsbildung, die im mittleren Paläozoikum begann, als die Urkontinente Gondwana und Laurasia sowie mehrere von ihnen abstammende Mikroplatten (Terranes) kollidierten und ein riesiges Gebirge auftürmten. Die Herkunft der granitischen Schmelzen ist kaum noch nachzuvollziehen. Nach heutigem Kenntnisstand gehen sie auf aufgeschmolzene, ehemalige Sedimentgesteine zurück. Daher spricht man auch von einem „s-Typ-Granit". Sicher handelt es sich beim spätvariszischen Oberpfälzer Granit nicht um einen „In-situ-Granit", bei dem der Ort der Entstehung mit dem Ort der Platznahme in der Erdkruste identisch ist, sondern um eine von ihrem Entstehungsort wegtransportierte Granitschmelze. Die durch Differentiation und Segregation aus dem aufgeschmolzenen Ursprungsgestein stammenden, hellen kieselsäurereichen Mine-

Die Granitlandschaften der Nördlichen Oberpfalz

ralien, die im Vergleich zum umgebenden Gestein leichter waren, stiegen auf und nahmen in mehreren Kilometern Tiefe im Gneisdach Platz. Vermutlich ist dieser Aufstieg recht schnell über schmale Förderschlote, sogenannten Dykes, erfolgt. Auf diesem Weg nach oben mitgerissene Fremdgesteinsbrocken finden sich heute manchmal als Einschlüsse (Xenolithe) im Granit. Die Magmen erreichten aber nicht die Erdoberfläche, sondern bildeten im Gneis eingebettete, viele Kilometer große rundliche und plattige Granitkörper (Intrusionsplutone). Die Granitvorkommen reichen dabei aber nicht in „die ewige Teufe", wie man früher glaubte, sondern sind nur wenige Kilometer mächtig.

Differentiation, Segregation: gravitative Trennung von Schmelzbestandteilen

Durch Abtragung des Alten Gebirges kam der Granit schließlich an die Oberfläche. Die Verwitterung führt über Granitgrus zu Böden, die nur wenig Wasser speichern können und arm an Nährstoffen sind. Sofern sie nicht bewaldet sind, werden darauf oft die für die Oberpfälzer Speisekarte so wichtigen Erdäpfel (Kartoffeln) angebaut.

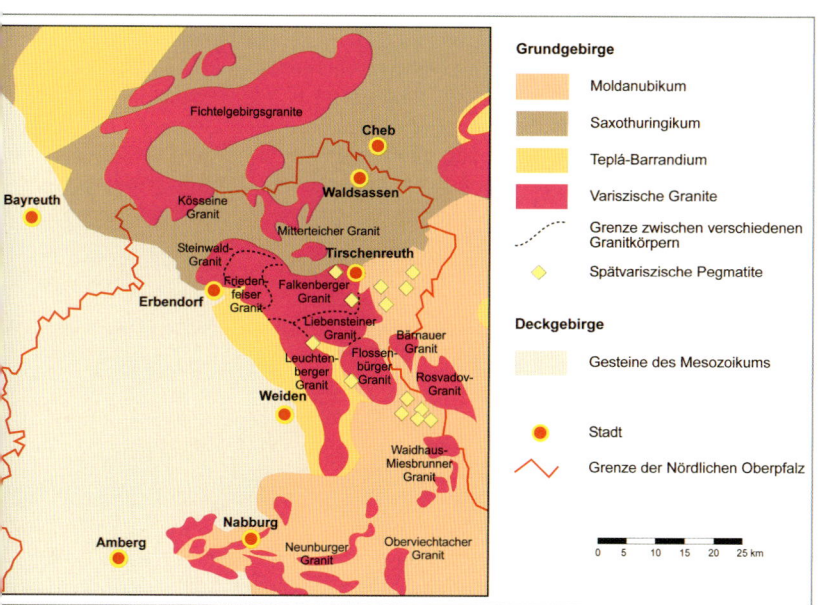

variszischen Granite der Nördlichen Oberpfalz bilden mit den in sie eingebetteten Metaphiten das kristalline Grundgebirge östlich der Fränkischen Linie. Ihr Alter wurde mit 310 325 Millionen Jahren bestimmt (nach GLASER et al. (2007)).

Exkursionspunkte im Grundgebirge

Zahlreiche Hügelketten und Berge bestehen aus Granit

Weil der Granit sich gegenüber den Einflüssen von Verwitterung und Erosion resistenter als der Gneis zeigt, bildet er zahlreiche Hügelketten, von denen die mit Burgen bebauten Massive von Falkenberg, Leuchtenberg und Flossenbürg die landschaftlich markantesten sind. Sie bilden zusammen mit den Graniten von Bärnau, Friedenfels, Liebenstein, Mitterteich, dem grenzüberschreitenden Rozvadov-Granit und dem Steinwaldgranit den sogenannten Nordoberpfalz-Pluton.

Im Folgenden sollen einige der schönsten Granitaufschlüsse aus den Flossenbürger, Falkenberger und Leuchtenberger Granitmassiven beschrieben werden.

Flossenbürg: Granit in Zwiebelschalen

Weithin sichtbar thront die Ruine der um das Jahr 1100 erbauten Staufer-Feste auf dem Schlossberg in Flossenbürg. Der Granit bildet hier keine monolithische, kompakte Masse, sondern ist durch eine ausgeprägte Bankung in Schalen gegliedert, die von weitgehend senkrechten Klüften und Spalten durchbrochen sind. Die am Gipfel waagerechte Bankung mit im Schnitt 0,5 bis 3 m mächtigen Granitlagen wurde in das Mauerwerk der Burganlage mit einbezogen.

Durch die Bankung begünstigt wurde bis in die 60er Jahre des 20. Jahrhunderts am Schlossberg Granit in großen Blö-

Ruine auf der Granitkuppe des Schlossberges in Flossenbürg

Die Granitlandschaften der Nördlichen Oberpfalz

cken abgebaut. Heute steht dieses Geotop wegen der seltenen Tier- und Pflanzenarten, die auf diesem Extremstandort ein Rückzugsgebiet gefunden haben, unter Naturschutz.

Wie aber entstand dieser zwiebelschalenartige Aufbau? Man geht davon aus, dass der Granit bei seiner Bildung schon ähnlich wie heute sichtbar an den Gneis grenzte. Der Wärmeabfluss von der Gesteinsschmelze weg führte zu deren Abkühlung und Schrumpfung des erkaltenden Gesteins. Die dadurch bedingten inneren Spannungen und die spätere Druckentlastung nach Abtragung des überlagernden Gebirges ließen diese für Flossenbürg so typische, zwiebelschalenartige Bankung entstehen.

Typisch für Granite sind die Bankung und Klüftung wie hier bei Störnstein

Gerade diese Entlastungs- oder Lagerklüfte boten schon früh einen hervorragenden Ansatz für eine mit vertretbarem Aufwand zu betreibende Granitgewinnung. Da man diesen Spalten auch im 20. Jahrhundert beim Gesteinsabbau folgte, wurde diese Struktur noch deutlicher herauspräpariert. Der schalenartige Aufbau setzt sich natürlich im gesamten Ort fort, ist jedoch nur an wenigen Stellen wirklich gut aufgeschlossen. Besonders eindrucksvoll präsentiert er sich in den nahe gelegenen Granitbrüchen am Wurmstein und am Plattenberg.

Detailansicht des Flossenbürger Granits

Der Flossenbürger Granit besteht aus 40 – 45 % Feldspat, 35 – 40 % Quarz, Glimmer (vorwiegend Biotit) sowie Spuren von Apatit, Zirkon und verschiedenen Erzmineralien. In geringer Menge enthält der Flossenbürger Granit sogar Uran. Dabei dominiert der Calcium-Uranglimmer Autunit, der bei Dunkelheit unter ultraviolettem Licht intensiv neonfarben leuchtet. In den 50er Jahren des letzten Jahrhunderts wurden deswegen sogar Prospektionsarbeiten durchgeführt, die allerdings wegen der geringen Urangehalte keine wirtschaftliche Gewinnung zuließen.

Uranglimmer aus einer Kluft im Flossenbürger Granit

Älter als die Bankung sind die häufig zu beobachtenden senkrechten Klüfte, die einerseits durch Abkühlung, andere-

49

Exkursionspunkte im Grundgebirge

Quarzkristalle aus einer Kluft im Granit von Flossenbürg

seits aber auch durch tektonische Bewegungen entstanden sein können. Manche dieser Klüfte heilten durch spätere Mineralbildungen wieder aus. In der Regel handelt es sich bei diesen Spaltenfüllungen um einen grauen, unscheinbaren Quarz. Vereinzelt durchziehen aber auch nicht vollständig ausgefüllte Quarzgänge den Granit, in denen attraktive Mineralien gefunden wurden. Neben schönen Quarzkristallen wurden Fluorit, Albit, Autunit, Torbernit, Anatas, Rutil, Brookit und manch andere Rarität geborgen (FÜSSL, 2000).

Granit als gefragter Naturstein

Granit wird heute nur noch in wenigen der einst über 40 Steinbrüche rund um Flossenbürg gebrochen. Wegen seiner hohen Qualität ist er aber nach wie vor ein gefragter Rohstoff, auch wenn ihm die Konkurrenz ausländischer Natursteine schwer zu schaffen macht und heute nur noch wenige steinverarbeitende Betriebe aktiv sind. Der Granit findet auf vielfältige Weise Verwendung für Werksteine, Bodenbeläge, Denkmale, Treppen, Grabmale, Grenzsteine, Küchenplatten, Fliesen und erfreut sich dabei noch immer großer Beliebtheit. Das Burg-

Burg- und Steinhauermuseum in Flossenbürg

und Steinhauermuseum in Flossenbürg (Silberhüttenstr. 4-6) ist ein guter Anlaufpunkt, an dem sich viel über die Geschichte der Burg und die Granitverarbeitung erfahren lässt.

Das Bayerische Landesamt für Umwelt führt den Schlossberg unter Nr. 374A009 als Geotop. Er wurde am 13. Juni 2008 als eines der 100 schönsten Geotope Bayerns prämiert.

Wackelstein nahe der Waldnaabquelle

Einen Abstecher ist der etwa 1,6 km nordöstlich der Silberhütte im Landkreis Tirschenreuth gelegene Wackelstein wert, eine solitäre Felsgruppe aus Flossenbürger Granit. Er befindet sich auf 801 m ü. NN direkt am gut ausgeschilderten Nurtschweg, einem der schönsten Wanderwege des Oberpfälzer Waldvereins sowie am Waldnaabtal-Radweg nahe der Waldnaabquelle. Er ist nur über Wanderwege zu erreichen. Kein Block dieser malerischen Felsgruppe lässt sich von Menschenhand bewegen, sodass der Name entweder auf einen früher aufliegenden echten Wackelstein oder, was eher zu vermuten ist, auf seinen wackeligen Aufbau zurückzuführen ist.

Die Granitlandschaften der Nördlichen Oberpfalz

Der „Große Stein": Granit im Gneismantel

Der „Große Stein" befindet sich am Vorderberg etwa 1,5 km nördlich des Dorfes Miesbrunn, das nordöstlich von Vohenstrauß liegt. Wer dieses Geotop besuchen möchte, dem sei der Weg von Süden her empfohlen. Von der Verbindungsstraße von Miesbrunn nach Reinhardsrieth folgt man, am Waldrand beginnend beim neuen Wasserbrunnen-Häuschen, dem weiß-blau-weiß markierten Wanderweg und der Beschilderung „Großer Stein". Den leicht ansteigenden, breiten Wirtschaftsweg verlässt man kurz nach dem Franzens-Brunnen in nordöstlicher Richtung, also rechter Hand den Berg hinaufgehend und erreicht das Geotop nach einem 10-minütigen Spaziergang.

Gipfelkreuz auf dem Großen Stein

Der Große Stein markiert das südlichste Vorkommen des spätvariszischen Flossenbürger Granits. Dieses Geotop bietet eine geologische Besonderheit, die man in der Oberpfalz nur selten zu sehen bekommt: einen scharfen Kontakt des variszischen Granits mit einem moldanubischen Biotit-Gneis sowie einem älteren, feinkörnigen moldanubischen Granit, die wiederum von mehreren hellen Aplitgängen mit Turmalin und Granat durchschlagen werden.

Der wohl beste geologische Kenner dieses Raumes, Prof. Anton Forster, beschrieb ihn mit den Sätzen: „Am ‚Großen Stein' im Gebiet des Vorderberges nördlich Miesbrunn liegt einer der besten Aufschlüsse dieses Gebietes. Dort tritt am Südhang dieser mittelkörnige Granit in vielen anstehenden Felsen und Blöcken auf weiter Fläche in Erscheinung. Der eigentliche ‚Große Stein' liegt als Gneisfelsen von 15 m Höhe und circa 50 m Durchmesser in unverrücktem Verband gleichsam einer Insel, völlig isoliert vom übrigen Gneisdach und von der Erosion geradezu als Lehrbeispiel herauspräpariert, auf ganzer Fläche den Kontakt zeigend,

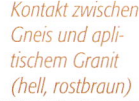

Kontakt zwischen Gneis und aplitischem Granit (hell, rostbraun)

Turmalinkristalle auf Klüften im Granit vom Großen Stein

Salband: Kontaktbereich zwischen Gang- und Nebengestein

dem Granit auf. Der nahezu horizontale Kontakt zum auflagernden Gneis des ‚Großen Steines' ist scharf und kalt. Er wird außerdem partienweise durch ein pegmatitisches Salband, durch Muskovitisierung und Turmalinisierung des Nebengesteins gekennzeichnet" (FORSTER, 1965).

Der Große Stein bildet nach Süden hin eine 15 m hohe Steilwand vor einem Blockmeer. Die zwei bis drei Meter nach Südwesten vorspringende Felsnase unterhalb des Aussichtspunktes ist von Süden wegen des dichten Gestrüpps nur schwer zugänglich, während man von Norden her das Gipfelkreuz bequem und fast ebenerdig erreichen kann.

Ein mächtiger Aplitgang zieht südwestlich am Großen Stein vorbei. Derartige Aplite sind wie die Pegmatite aus granitischen Restschmelzen entstanden. Die ziemlich reinen Feldspat und Quarz enthaltenden Aplite könnten künftig wertvolle Rohstoffvorkommen darstellen. Der nahe gelegene Aplit der Silbergrube bei Waidhaus wird daher schon seit dem Jahr 1930 abgebaut. Und auch dem Miesbrunner Vorkommen wurde von Forster noch 1965 eine große wirtschaftliche Bedeutung beigemessen. Möglicherweise handelt es sich bei diesem Aplit aber um einen Meta-Aplit, also einen metamorph überprägten Aplit oder Aploid. Die oft getroffene Unterscheidung dieser beiden anhand von Korngröße und Textur kann jedoch, wie neuere Untersuchungen zeigen, hier keine wirkliche Sicherheit bringen.

Das Bayerische Landesamt für Umwelt führt den als Naturdenkmal geschützten Großen Stein unter Nr. 374A019 als Geotop.

Granit wie Brotlaibe

Die Burgruine Schellenberg liegt etwa 20 km nordöstlich von Weiden und ist vom Wanderparkplatz Planer Höhe an der Staatsstraße 2154 zwischen Georgenberg und Flossenbürg nur zu Fuß zu erreichen. Man gelangt zu diesem 826 m hoch gelegenen Geotop, indem man dem leicht ansteigenden und gut markierten Wanderpfad Nr. 2 über die Tafelbuche folgt. Dabei durchquert man ein sehenswertes Granit-Blockmeer und

Die Granitlandschaften der Nördlichen Oberpfalz

erreicht nach circa 20 Minuten die versteckt im Wald liegende Ruine Schellenberg.

Auch wenn der Aufstieg mit etwas Kletterei verbunden ist, sollte man unbedingt den Ausblick vom Aussichtsturm genießen. Hier, in der Mitte des Flossenbürger Granitmassivs, hat man einen herrlichen Blick über die Granitkuppen in der näheren und weiteren Umgebung. Bei guter Sicht reicht der Blick bis weit nach Westen über die Fränkische Linie hinweg in das mesozoische Vorland, aus dem die Vulkanruine von Parkstein in circa 23 km Entfernung markant herausragt.

Weiter Blick vom Aussichtsturm über Granitkuppen und ins mesozoische Vorland

Historisch ist die **Burgruine Schellenberg** eine Besonderheit, weil Urkunden sowohl über ihre Gründung als auch ihre Zerstörung überliefert sind. Am 23. August 1347 zeigten die Herren von Waldau den Baubeginn der Burg auf dem Schellenberg dem Landgrafen von Leuchtenberg an. Am 11./12. Juli 1498, also nur etwa 150 Jahre nach ihrer Errichtung, wurde die Burg mit schweren Artilleriegeschützen durch den markgräflichen Hauptmann Konrad von Wirsberg eingenommen und nach geringen Belagerungsschäden geschleift. Und so stehen seit über 500 Jahren nur noch die Mauerreste als Ruine auf dem Schellenberg.

Am Schellenberg begegnen wir wieder dem spätvariszischen Flossenbürger Granit. Er ist von seinem Gefüge her mittelkörnig und zeigt im frischen Bruch einen hellgrauen Farbton. Seine horizontale Bankung ist die Ursache dafür, dass selbst große Blöcke, auch wenn diese stark verwittert sind, aufeinander liegen bleiben und so die Bildung von eindrucksvollen Felstürmen ermöglichen. Im Extremfall sind Granittürme wie der „Brotlaib" nördlich der Ruine Schellenberg an der Basis schmaler als oben, was ihnen ein besonders spektakuläres Aussehen verleiht.

Um die am Schellenberg vorhandenen geomorphologischen Formen erklären zu können, muss man zwei grundsätzliche Faktoren kennen. Zum einen spielt das System der Klüfte

Granitverwitterung und Wollsackbildung

Der Brotlaib beim Schellenberg

im Granit eine entscheidende Rolle. Wie schon beim Schlossberg von Flossenbürg dargestellt, gibt es im Granit eine mehr oder weniger waagerechte Bankung und die senkrecht dazu stehenden Klüfte, die in der Nähe der Erdoberfläche für die Kräfte der Verwitterung ideale Ansatzpunkte bieten. Es bilden sich so abgerundete Granitformen.

Zum anderen gehen diese Verwitterungsformen in ihrer Anlage auf eine Zeit zurück, in der in unseren Breiten ein völlig anderes Klima herrschte. Im feuchtheißen Klima des Tertiärs spielte die chemische Verwitterung eine wesentlich größere Rolle als dies heute der Fall ist. Mit organischen und anorganischen Säuren angereicherte Niederschlagswässer drangen entlang der durch tektonische Kräfte oder Gesteinsentlastung in Blöcke zerlegten Granitmassive in den felsigen Untergrund ein. Die Ecken und Kanten der Granitblöcke zeigten sich dabei für die aggressiven Lösungen anfälliger als deren flachere Seiten. Nahe der Erdoberfläche wirkten sie stärker als in der Tiefe, weil ihr Säurepotenzial nach unten hin immer schwächer wurde. Daher zeigen sich auch in der Oberpfalz bei genügend tiefen Aufschlüssen (z. B. Steinbrüchen) in der Tiefe immer wieder einmal im Kern noch frische Blöcke, die förmlich in einer Hülle aus Granitgrus schwimmen.

Befanden sich diese Formationen in Hangnähe, so konnte es passieren, dass dieses Lockermaterial ausgespült wurde. Die so freigelegten Blöcke blieben wie gestapelte, mit Wolle gefüllte Säcke übereinander liegen, was schließlich zu deren Bezeichnung „Wollsäcke" führte.

Dies könnte zum Teil schon während des Tertiärs der Fall gewesen sein, denn derartige Formen kennt man aktuell als rezente Erscheinungen in tropisch-subtropischen Gebieten der Erde. Damit würde es sich um sehr alte Formen handeln. Ein wahrscheinlicherer Zeitraum für ihre Bildung ist in den meisten Fällen das dem Tertiär folgende Quartär mit seinen Eiszeiten. Die Oberpfalz war zu dieser Zeit nicht wie der Alpenraum oder

Blockmeerbildung

Die Granitlandschaften der Nördlichen Oberpfalz

der norddeutsche Raum vergletschert, sondern tiefgründig und über lange Zeiten gefroren. Es herrschte also Permafrost. In den Sommermonaten taute der tiefgründig gefrorene Dauerfrostboden nur oberflächlich auf und Granitgrus wurde ausgespült.

Gerade in Hanglagen wie am Schellenberg konnte es aber auch passieren, dass der durchfeuchtete Granitgrus während der Eiszeiten in den Sommermonaten gefror und wieder auftaute. So bildeten sich förmlich Rutschbahnen, auf denen die Blöcke talabwärts transportiert wurden und dort regelrechte Blockmeere bilden.

Der „Gipfel des Schellenbergs" ist im Geotopkataster des Bayerischen Landesamtes für Umwelt als Geotop unter der Nr. 374R010 erfasst und als Naturdenkmal geschützt.

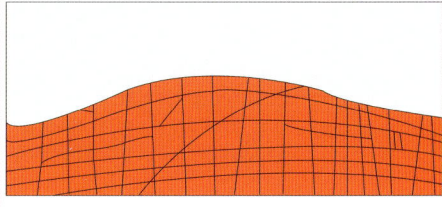
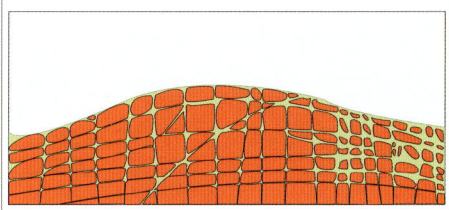
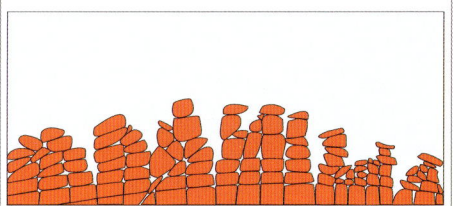

Die Wollsackbildung beginnt auf Klüften und Spalten unter der Erdoberfläche und endet mit der Freilegung der Blöcke durch die Fortführung des Granitgruses.

Ebenso gehört der Felsturm „Brotlaib" nördlich der Ruine (Geotop-Nr. 374R015) zu den besonders sehens- und erhaltenswerten Geotopen Bayerns.

Granit bringt Wasser zum Tosen

Etwa 6 km nordöstlich von Weiden im Gemeindegebiet von Floß nahe der Ortschaft Diepoldsreuth befindet sich das 11 Hektar große Naturschutzgebiet „Doost" mit „Teufels Butterfass". An diesem magisch anmutenden Ort liegt eine Vielzahl von großen, von Wasser umtosten Granitblöcken im flachen Tal des Girnitz-Bächleins. Ein guter Ausgangspunkt zum Besuch dieses Geotops ist der Gollwitzerhof mit Campingplatz und Badeweiher.

Die 0,5 bis 5 m großen Granitblöcke liegen unregelmäßig auf- und nebeneinander, sodass der kleine Girnitz-Bach an manchen Stellen wohl zu hören, aber nicht zu sehen ist. Einzelne verstreute Blöcke an den Talhängen, mehrere hundert Meter vom Bachlauf entfernt und bis zu 20 m höher gelegen, weisen gleiche Formen bei ähnlicher Größe auf.

Die Bezeichnung **Doost** entspringt dem gleichen Wortstamm wie das Wort „tosen" und hat nach Meinung des berühmten Oberpfälzer Mundartforschers Schmeller seinen Namen vom Wassergeräusch zwischen den Blöcken. Noch näher an seiner ursprünglichen Bedeutung ist die bis 1863 gebräuchliche, lautmalerische Bezeichnung „Tost". Es findet sich aber auch die Schreibweise „Dost" wie in der topographischen Karte 1 : 25000 Blatt Neustadt.

Der hiesige Granit zeigt mehr oder weniger ausgerichtete, große idiomorphe Feldspatkristalle. Diese haben im Schnitt eine Größe von 2 – 5 cm. Er ähnelt in seinem Gefüge eher dem Flossenbürger Granit als dem von Leuchtenberg mit kleineren Feldspäten oder dem von Falkenberg mit größeren Kristallen.

Wollsackverwitterung und Blockmeerbildung

„Steinblock-Meere" wie am Doost entstehen durch Wollsackverwitterung an den Hängen von Granitbergen und -kuppen. Oft findet man sie an Durchbrüchen von Flüssen und Strömen in Talengen. Die Bildung am Doost ist ein Beispiel dafür, dass es keiner dieser Voraussetzungen unbedingt bedarf. Einerseits ist das Tal zu flach, um zu vermuten, dass die großen Blöcke herabgebrochen und in den Talgrund gerollt wären, andererseits gibt es auch keinerlei Anhaltspunkte dafür, dass das kleine Bächlein irgendwann einmal ein reißender Strom gewesen wäre. Nachdem dieses Gebiet während der Eiszeiten im Quartär nicht vergletschert war, verbieten sich Spekulationen über den Einfluss von Gletschern auf die heutige Landschaftsform.

Die Granitlandschaften der Nördlichen Oberpfalz

Die Voraussetzungen für derartige Bildungen liegen im Granit und seiner Entstehung. Die Granite bilden nämlich keineswegs durchgehend homogene Massen, sondern zeigen einen von Klüftung, Bankung und Scherflächen durchsetzten, manchmal auch schaligen Aufbau. Dabei ist zu bedenken, dass der heute an der Oberfläche anstehende Granit in mehreren Kilometern Tiefe entstand und in geologischen Zeiträumen langsam abkühlte, eventuell tektonisch durchbewegt oder angehoben, auf jeden Fall aber druckentlastet wurde. Mehrere tausend Meter Deckgestein, das in vielen Jahrmillionen abgetragen wurde, übten ursprünglich einen großen Druck auf den Gesteinskörper aus. Die langsame Druckentlastung durch die Erosion seines Gneisdaches hat genauso wie die Abkühlung zu Rissen im Gestein geführt. Die Wirkung der Druckentlastung auf Gesteinsproben konnte man an frisch gezogenen Bohrkernen der Kontinentalen Tiefbohrung bei Windischeschenbach, wo man ähnliche Tiefen erreichte, sogar als Knistern hören!

Der Granit am Doost ist grobkörnig

Granitverwitterung s. auch Seite 53

Druckentlastung lässt Granit knistern

Als am Ende der Kreidezeit und im Tertiär eine tiefgründige Verwitterung einsetzte, bildeten die Entlastungsklüfte besonders gute Angriffsflächen für die Erosion. Die rundliche Form der Blöcke kam nicht durch ein Abrollen wie bei Kieselsteinen in einem Bachbett zustande. So wie bei einem Eiswürfel anfangs die Ecken und Kanten wegschmelzen, verwitterten die Granitblöcke nach diesem Prinzip zu rundlichen Formen.

Auch die Eiszeiten haben zur Bildung dieser Felsformation beigetragen. Im benachbarten Fichtelgebirge konnte man nachweisen, dass es bereits bei 5 Grad Hangneigung in Zusammenhang mit tiefgründig gefrorenem Boden, der oberflächlich nur wenige Wochen im Jahr auftaute, zur Verfrachtung großer Blöcke hangabwärts kam. Kleinräumiger Transport hat zu der Konzentration der Blöcke im flachen Talgrund der Girnitz geführt. Der Bach hat lediglich in jüngerer Zeit den Verwitterungsgrus abtransportiert und diesem Gebiet sei-

Blockmeer im Talgrund der Girnitz

nen letzten morphologischen Schliff gegeben und damit die Blöcke so malerisch freipräpariert.

Der „Doost" wurde schon im Jahr 1937 unter Schutz gestellt und ist damit das älteste Naturschutzgebiet der Oberpfalz. Das Bayerische Landesamt für Umwelt führt das Geotop unter Nr. 374R005.

Das Waldnaabtal: Das schönste Tal der Oberpfalz

Entstehung der Formen s. Seite 64, 65 und 67

Das Waldnaabtal zwischen Falkenberg und Windischeschenbach-Neuhaus ist mit seinen zahlreichen Felsformationen, Granit-Verwitterungsformen, Blockmeeren, Strudellöchern, Schliffen, Pseudo-Karren und Steinmühlen sowie einem Sauerbrunnen ein äußerst sehenswerter Geotopkomplex. Mit ungefähr 180 Hektar Größe ist dieses gut mit Wanderwegen erschlossene Naturschutzgebiet ein beliebtes Ausflugsziel für Einheimische und Touristen. Dazu trägt zu einem nicht geringen Anteil die Ausflugsgaststätte Blockhütte bei, wo man an sonnigen Tagen in einem gemütlichen, von großen Kastanien beschatteten Biergarten Brotzeit machen kann.

Vor allem mit Kindern ist dies ein lohnenswerter Ausflug, weil sie über die Felsen in der Waldnaab klettern oder am Wasserrad bei der Blockhütte spielen können. Es ist sicher nicht übertrieben, diesen Abschnitt des wildromantischen Waldnaabtals als den schönsten im gesamten Naabgebiet zu bezeichnen. Die mittelalterlichen Burgen Falkenberg, Schwarzen-

Die Waldnaab zwischen Amboss und Blockhütte

Die Granitlandschaften der Nördlichen Oberpfalz

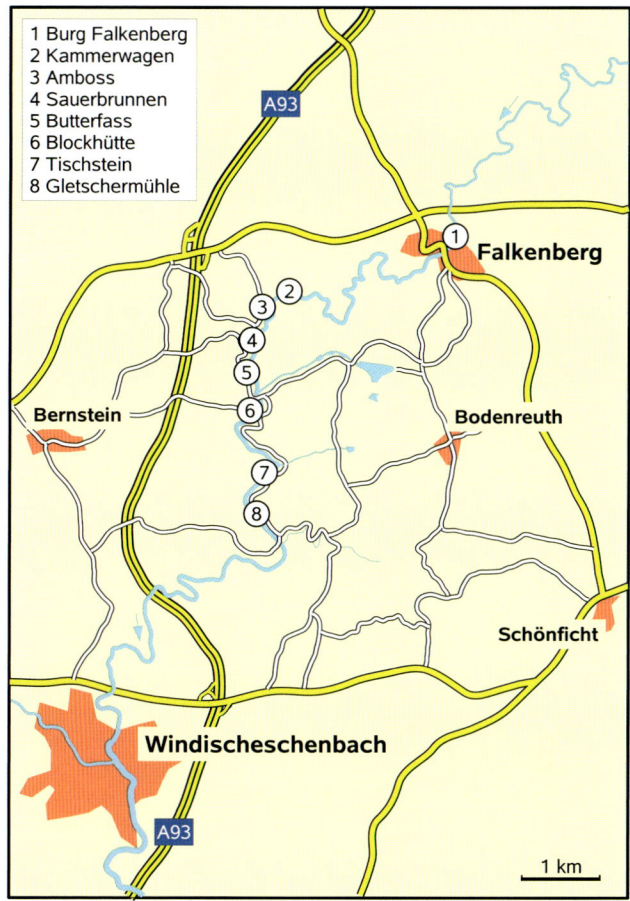

Der geologisch interessanteste Teil des Waldnaabtals befindet sich zwischen den Orten Falkenberg und Windischeschenbach.

schwal, Altneuhaus, Herrenstein und Neuhaus wachten einst auf steilen Granitfelsen über das Tal.

Der Falkenberger Granit unterscheidet sich durch seine bis 9 cm großen idiomorphen Feldspatkristalle deutlich vom Flossenbürger Granit, wo sie nur 4 cm Größe erreichen und vom noch feinkörnigeren Leuchtenberger Granit. Stellenweise, aber nicht überall im Waldnaabtal, zeigen diese großen, eingewachsenen Feldspatkristalle eine Fließausrichtung. Altersbestim-

Große Feldspatkristalle im Falkenberger Granit

Exkursionspunkte im Grundgebirge

Falkenberger Granit mit großen Feldspatkristallen

Pegmatitgenese und -vorkommen s. auch Seite 73 sowie Karte Seite 47

mungen haben ergeben, dass der Falkenberger Granit mit 316 Millionen Jahren als spätvariszisch einzustufen ist.

Er besteht zu etwa 50 % aus Feldspat, zu 35 % aus Quarz und die restlichen 15 % verteilen sich auf Glimmer, Apatit, Zirkon sowie verschiedene Erze. Manchmal haben sich sonst eher seltene Elemente in den Restschmelzen des granitischen Magmas, den Pegmatiten, angereichert. In den Pegmatitvorkommen um Falkenberg sind seltene Mineralien wie Turmalin, Beryll, Columbit und vereinzelt Phosphate zu finden.

Als Besonderheit enthält der Falkenberger Granit manchmal Xenolithe. Bei diesen oft faust- bis kopfgroßen Fremdgesteinseinschlüssen handelt es sich in der Regel um gneisartige Gesteine, die beim Aufstieg der Granitschmelze aus dem Nebengestein mitgerissen und im Granit eingelagert wurden. Seit einigen Jahren konzentriert sich die Forschung auf diese Mitbringsel aus größerer Tiefe, da sie Informationen zur Granitentstehung, aber auch über die Gesteine und die geologischen Verhältnisse in ansonsten nicht oder nur durch teure Bohrungen erreichbarer Tiefe liefern können.

Nördlich des Marktes Falkenberg, dem nördlichen Eingang zum Waldnaabtal, fließt die Waldnaab aus den tertiären Ablagerungen des Tirschenreuther Beckens in das Falkenberger Granitgebiet. Bei Tirschenreuth wurde der Granit unter den feuchtheißen Klimabedingungen während des Tertiärs tiefgründig zu Granitgrus zersetzt und stellenweise durch saure Wässer kaolinisiert. So finden sich auf einer fast ebenen Rumpffläche südlich von Tirschenreuth bei Schmelitz große, noch im Abbau befindliche Kaolinlagerstätten.

Kaolinlagerstätten s. Seite 86

Aus diesem flachen Gebiet kommend trifft die kaum eingetiefte Waldnaab auf einen Riegel aus Falkenberger Granit, der ihr den Weg versperrt. Dieser war jedoch wie alle oberflächennahen Granite der Nördlichen Oberpfalz der tiefgründigen tertiärzeitlichen Verwitterung unterworfen. Und darin suchte sich die Waldnaab ihren Weg durch dieses Hindernis.

Bildung des Waldnaabtals

Nicht geklärt ist bisher die Frage, ob das Waldnaabtal ein antezedentes Tal oder ein epigenetisches Durchbruchstal ist. Bei der Antezedenz wäre der Flusslauf vor der Hebung des Fels-

Die Granitlandschaften der Nördlichen Oberpfalz

riegels angelegt gewesen und er hätte sich in gleichem Maße eingetieft, wie sich die Landoberfläche hob. Bei einem ebenfalls denkbaren epigenetischen Durchbruchstal wäre der Fluss ehemals auf einer Ebene, in unserem Falle auf einer Rumpffläche, dahingeflossen und während seiner Eintiefung auf das Hindernis gestoßen. Durch das bereits angelegte Tal in seinem Lauf festgelegt, hätte sich die Waldnaab in den Gesteinsriegel eingetieft, statt ihn zu umfließen. Vieles spricht jedoch dafür, dass zu Zeiten, in denen sich die Waldnaab hier bereits ihren Weg suchte, noch eine Hebung des Falkenberger Granitgebietes stattfand.

Bei einer Wanderung durch das Tal trifft man allerorten auf Granit und seine vielfältigen Verwitterungsformen. Vor allem die Formen der Wollsackverwitterung und die Vergrusung des Granits kann man am Wegesrand immer wieder sehen. So wird der sonst meist nicht beobachtbare Prozess der Blockfreilegung und die Blockmeerbildung im Talgrund verständlich. Und als kleine Dreingabe kann man im Granitgrus häufig zentimetergroße, meist aber nicht sonderlich gut erhaltene Feldspatkristalle finden.

Im Gegensatz zu anderen Oberpfälzer Granitgebieten spielt hier fließendes Wasser für die geomorphologische Ausgestaltung eine viel wichtigere Rolle. In den steilen Hangbereichen und im Talgrund trifft man daher an den wollsack- oder matratzenförmigen Felsbildungen einen reichen, fluviatil geprägten Formenschatz. Durch die verschieden hoch gelegenen Wasserstandslinien in Form von Hohlkehlen und Auskolkungen an den talbegleitenden Felsen ist das langsame Einschneiden und damit die Tieferlegung des Flussbettes dokumentiert, was wiederum für die antezedente Talbildung spricht. Vom Wasserstand abhängig können Strudellöcher, die eine Tiefe von mehreren Metern erreichen können, Schliffe, Pseudo-Karren und Steinmühlen beobachtet werden.

Felsgruppe Kammerwagen

Exkursionspunkte im Grundgebirge

Der Sauerbrunnen an der Waldnaab

Eine unscheinbare Besonderheit direkt am Rande des Wanderweges vom Parkplatz an der Jugendherberge Tannenlohe zur Blockhütte ist der kleine Sauerbrunnen, der mit dem ausklingenden tertiären Vulkanismus der Nördlichen Oberpfalz zu tun hat. Diese eisen- und schwefelhaltige Quelle hat die Granitfelsen in ihrer Umgebung kleinsträumig mit ockerfarbenen Eisenverbindungen überzogen und bildet so einen Farbtupfer in diesem vom Graugelb des Granits dominierten Tal.

Natur- und Waldlehrpfad

Naturliebhaber kommen im seit 1950 unter Naturschutz stehenden Waldnaabtal sicher auf ihre Kosten. Einen guten Einblick in die Vielfalt dieses Gebietes vermittelt ein 5 km langer Natur- und Waldlehrpfad entlang der Waldnaab, der gut ausgeschildert an der Jugendherberge Tannenlohe beginnt.

Falkenberg: Eine Burg auf Wollsäcken

Im Markt Falkenberg begegnet man der Wollsackbildung in besonders eindrucksvoller Form. Auf einem bizarren Felsmassiv dicht an der Waldnaab thront in exponierter Lage eine noch bewohnte Burg.

Die guten Aufschlussverhältnisse ermöglichen es, hier mühelos den nach dem Ort benannten Falkenberger Granit zu studieren. Die für Oberpfälzer Verhältnisse ausgesprochen großen Kalifeldspatkristalle zeigen wieder eine zum Teil ausgeprägte Einregelung der Feldspäte. Dies deutet auf Fließbewegungen in der Granitschmelze hin. Da die Feldspäte in der Schmelze als erste kristallisierten, blieb für die anderen gesteinsbilden-

Nicht sehr verwunderlich ist es, dass der Granit das Ortsbild von **Falkenberg** prägt. Die bereits im 11. Jahrhundert erbaute und im Laufe der Geschichte zerstörte Burg wurde erst im Jahr 1936 wieder aufgebaut. In ihr befindet sich eine Sammlung antiker Waffen sowie russischer und persischer Kunstschätze, die aus der Sammlung des 1944 von den Nationalsozialisten hingerichteten Botschafters Graf Friedrich-Werner von der Schulenburg stammen.
Außerdem sind die durch ihre schlichte Schönheit beeindruckende Pankratius-Kirche sowie einige hübsche Fachwerkhäuser sehenswert. Zur Stärkung kann man sich in Falkenberg ein Zoiglbier aus dem Kommunbrauhaus zu Füßen der Burg gönnen oder den über 500 Jahre alten, urgemütlichen Gasthof „Zum Roten Ochsen" besuchen.

den Minerale Quarz und Glimmer nur noch der Raum dazwischen, was wiederum zur Folge hatte, dass diese ihre Kristallform nicht mehr richtig zur Ausbildung bringen konnten. Und besonders schön kann man die gelbliche Verfärbung des Granits sehen, die durch die Oxidation des im Gestein enthaltenen Eisens bedingt ist.

Wegen seiner einzigartigen Schönheit wurde dieses Naturdenkmal als Geotop mit der Nummer 377R012 vom Bayerischen Landesamt für Umwelt als besonders schützenswert eingestuft und als eines der 100 schönsten Geotope Bayerns ausgezeichnet.

Burg Falkenberg, errichtet auf Wollsäcken aus Granit

Ein Amboss für Riesen und des Teufels Butterfass

Kommt man in das eigentliche Waldnaabtal, so beginnt die Serie sehenswerter Geotope mit der imposanten Felsgruppe des Kammerwagens. Es folgt der „Amboss" zwischen Kammerwagen und Sauerbrunnen, ein von der Waldnaab umspülter Granitfelsen, an dem man sehr anschaulich die Wirkung des fluvialen Schliffs sowohl an seiner Luv- als auch Leeseite sehen kann.

Die Waldnaab bearbeitet die im Flussbett liegenden Granitblöcke und schafft so fantasieanregende Formen. Dass der Amboss auf der dem anströmenden Wasser zugewandten Seite (Luv) Schliffe zeigt, ist nicht weiter verwunderlich und durch aufprallendes Geröll und Sand leicht zu erklären. Erstaunlicher ist dies auf den ersten Blick auf der Gegenseite (Lee). Die Ursache liegt darin, dass auf der Leeseite die umlaufenden Strömungen wieder aufeinandertreffen, was zu Verwirbelungen führt, die am Granit nagen. Geht man offenen Auges den Fluss entlang, sind in der Nähe des Ambosses noch weitere Felsblöcke mit ähnlichen Formen zu sehen.

Formenvielfalt durch fließendes Wasser

Des Teufels Butterfass, nicht zu verwechseln mit gleichnamigem im Naturschutzgebiet Doost, ist ein von Besuchern und

Exkursionspunkte im Grundgebirge

Der Amboss im Walbnaabtal

insbesondere von Kindern sehr geschätzter Talabschnitt, den man auf dem gut ausgebauten flussbegleitenden Wanderweg erreichen kann. Er liegt zwischen dem Sauerbrunnen und der Blockhütte an einer Engstelle mit starkem Gefälle. In den Fels geschlagene Stufen erleichtern den Abstieg zur Waldnaab, die man mit etwas Geschick und Trittsicherheit bei normalem Wasserstand trockenen Fußes überqueren kann, denn die gerundeten Blöcke liegen hier dicht beieinander.

Wasserstrudel schaffen Hohlformen im Granit

An einigen Stellen im Waldnaabtal, wie am Butterfass oder an der Gletschermühle, kann man durch Wasserwirbel entstandene Hohlformen in den Granitblöcken des Talgrundes sehen. Standwalzen, also weitgehend senkrecht stehende Wasserwirbel können, sofern sie ortsstabil sind, in geologisch sehr kurzen Zeiten von weniger als 100 Jahren metertiefe Löcher in den Granit schleifen. Das kann zwei verschiedene Ursachen haben: Dreht sich ein Mahlstein durch den Strudel angetrieben in einer zunächst kleinen Mulde im Kreis und schleift so ein Loch in das Gestein, spricht man von einem Strudelloch. Fehlt der einzelne Mahlstein und es reiben Sand und feiner Kies auf gleiche Weise ein Loch in das Gestein, bezeichnet man die entstehende Form als Pseudostrudelloch (VOLLRATH, 1984).

Pseudostrudelloch am Butterfass

Strudellochbildung und Corioliskraft

Immer wieder wird von Strudeln behauptet, dass diese wie meteorologische Tiefdruckgebiete auf der Nordhalbkugel aufgrund der Corioliskraft linksdrehend (gegen den Uhrzeigersinn) sind. Dies ist jedoch ein weit verbreiteter Irrtum. Untersuchungen, Experimente und Berechnungen haben eindeutig gezeigt, dass die Corioliskraft viel zu schwach ist, um einem chaotischen Strömungssystem eine einheitliche Dreh-

Möchten Sie weitere Bände der Reihe „Streifzüge durch die Erdgeschichte" kennenlernen?

Diese Führer durch die Erdgeschichte ermöglichen zum einen, alle geologisch bedeutsamen Naturdenkmäler der jeweiligen Region von zu Hause aus umfassend kennenzulernen. Zum anderen begleitet Sie jeder Band systematisch „vor Ort" im Stile eines fundierten Reiseführers auf gut beschriebenen Wegen zu sämtlichen wichtigen Zeugnissen der Erdzeitalter! Die Abschnitte sind dabei so gewählt, daß sie bequem zu Fuß erkundbar sind. Gehen Sie also gut vorbereitet auf „Ihre" erdgeschichtliche Entdeckungstour.

Ja? – Dann schicken Sie uns bitte diese Karte zurück. Bei Erscheinen des nächsten Bandes machen wir Ihnen ein **Vorzugsangebot!**

edition Goldschneck

Demnächst erscheinen:
Berchtesgadener Land, Altmühltal und Solnhofen, Südlicher Schwarzwald, Hunsrück, Mecklenburgische Eiszeitlandschaft, Lahn-Dill, Harz, Sächsische Schweiz, Erzgebirge, Salzburger Land, Ruhrgebiet, Eifel, Rügen.
Weitere Regionen in Vorbereitung!

Absender

Name:

Straße:

PLZ/Ort:

Für unsere Statistik: Wo haben Sie das vorliegende Buch erworben?

☐ **Ja**, ich interessiere mich für weitere Bände der Reihe „Streifzüge durch die Erdgeschichte". Bitte machen Sie mir bei Erscheinen des nächsten Bandes ein **Vorzugsangebot**!

☐ Ich möchte gerne Ihre Zeitschrift „**Fossilien**", Deutschlands einziges Magazin für Hobbypaläontologen, kennenlernen. Schicken Sie mir bitte kostenlos und unverbindlich ein Probeheft!

Bitte ausreichend frankieren!

Antwort

edition Goldschneck
im Quelle & Meyer Verlag GmbH & Co.
Industriepark 3
56291 Wiebelsheim

In „Fossilien" erfahren Sie 6 x im Jahr alles über aktuelle Fundstellen, die Präparation und Bestimmung von Fossilien, das Neueste aus Wissenschaft und Forschung, die Entwicklung des Lebens auf der Erde, aktuelle Veranstaltungen usw. Überzeugen Sie sich selbst und lernen Sie „Fossilien" mit dieser Karte oder über **www.fossilien-journal.de** kennen.

Die Granitlandschaften der Nördlichen Oberpfalz

richtung aufzuzwingen. Kratzspuren in Strudellöchern und Beobachtungen von Wasserwirbeln im Waldnaabtal bestätigen eindeutig, dass die Drehrichtung durch den Zufall bestimmt wird. Und diese Beobachtung kann man an Teufels Butterfass selbst nachprüfen. Gerade mit Kindern bietet sich an dieser Stelle des Waldnaabtals die Möglichkeit, kleine Steine in wasserumspülte Mulden des Granits zu legen und ihre Bewegung zu beobachten. Ein Strudelloch wird bei einem so kurzen Besuch allerdings nicht entstehen.

Strudellöcher und Pseudostrudellöcher können ganz unterschiedliche Größen haben. Während in Strömen und großen Flüssen bei einem morphologisch weichen Untergrund Strudellöcher von mehr als 100 m Durchmesser bekannt sind, erreichen sie in der Waldnaab meist nur 30 – 70 cm. Die für die Strudellochbildung notwendige Wasserkraft resultiert aus dem vergleichsweise großen Gefälle an der Engstelle am Butterfass, das an diesem Flussabschnitt auf etwa 50 m Entfernung einen Höhenunterschied von circa 4 m aufweist. Das ist eine beachtliche Höhendifferenz, wenn man bedenkt, dass sie zwischen Falkenberg und Windischeschenbach auf 15 km Lauflänge nur 40 m beträgt.

Dimensionen von Strudellöchern

Eine Gletschermühle ohne Gletscher

Dicht am Wanderweg südlich der Blockhütte, zwischen Tischstein und Waldfrieden-Hütte gelegen, kann man mit der „Gletschermühle" ein gutes Beispiel für die erodierende Kraft des Wassers sehen. Der Name verwirrt, denn mit Gletschern hat diese Hohlform nichts zu tun, auch wenn eine gewisse Ähnlichkeit mit alpinen Gletschermühlen besteht. Echte Gletschermühlen (Gletschertöpfe) entstehen durch schnell schießende Wässer an Gletscherbächen, wo sich in Felsspalten ein Stein in Bewegung setzt. Durch diesen Schleifprozess entstehen dann ovale, manchmal sogar runde Auskolkungen. Bei der Gletschermühle handelt es sich in Wirklichkeit um ein Strudelloch mit einem Durchmesser von etwa 40 cm, das bei Niedrigwasser be-

„Gletschermühle" nahe der Blockhütte

Exkursionspunkte im Grundgebirge

Blocksperre nahe dem Butterfass

quem zu erreichen ist. Sein „Bruder", das „Teufels Butterfass", ist zwar etwas größer, dafür aber weniger tief.

Die Verteilung der Blöcke im Flusslauf ist keineswegs gleichmäßig und immer wieder versperren Blockansammlungen (Steps) oder Felsschwellen wehrartig den ansonsten gemächlichen Verlauf (Pools) der Waldnaab. Diese Step-Pool-Sequenzen führen zu sehr unterschiedlichen Fließgeschwindigkeiten. An der Blockhütte, einem Pool-Bereich der Waldnaab, befindet sich das Wahrzeichen des Tals, ein malerisches Wasserschöpfrad. Da der Fluss hier so gemächlich läuft, hat man durch eine künstliche Engstelle etwas nachgeholfen und schöpft mit dem durch die Strömung angetriebenen Rad frisches Wasser in einen kleinen Forellenteich.

In der **Ausflugsgaststätte Blockhütte** sollte man sich unbedingt zwei kulinarische Spezialitäten gönnen: Die ausgezeichneten geräucherten Forellen und ein Zoigl-Bier. Der Zoigl hat seinen Namen wohl vom Wort „zeigen", weil an Häusern mit Braurecht in dieser Gegend durch einen Stern angezeigt wird, wenn dort dieses Bier frisch gezapft wird. Stößt man in der Gegend um Windischeschenbach auf einen derartigen Stern, dann ist es ein sicherer Hinweis darauf, dass man hier in einer urgemütlichen Gaststätte einen Zoigl und eine deftige Brotzeit bekommt.

Wolfskopf aus Granit

Aber auch außerhalb des Waldnaabtals gibt es sehenswerte Felsbildungen aus Falkenberger Granit, so zum Beispiel das Naturdenkmal „Wolfenstein" 1,5 km südöstlich der Ortschaft Hohenwald im Landkreis Tirschenreuth. In der sanft-hügeligen Landschaft erhebt sich diese markante Granitformation zwar nur circa 8 m über der Geländeoberfläche, doch reicht diese Höhe völlig aus, um Wind und Wetter Angriffsmöglichkeiten

Die Granitlandschaften der Nördlichen Oberpfalz

für ihre erodierenden Kräfte zu bieten. Geologisch gehört dieses Gebiet zum Falkenberger Granitmassiv mit seiner typischen grobkörnigen Struktur und seinen großen, oft freigewitterten Feldspatkristallen.

An den typischen Granit-Wollsäcken sind die hier auftretenden Pseudo-Karren (auch Silikatkarren oder Granitkarren genannt) eine in der Nördlichen Oberpfalz seltene geomorphologische Kleinform. Diese überziehen als steile Rillen die Felsen.

Silikatkarren im Granit des Wolfensteins

Als Karren werden in der Geologie parallele, mehr oder weniger steil verlaufende Lösungsrinnen bezeichnet, die durch hangabwärts fließendes Oberflächen- oder Niederschlagswasser meist in Karbonatgesteinen wie Kalkstein oder Dolomit gebildet werden. Viel seltener findet man sie auf silikatischen Gesteinen, die nicht so leicht durch kohlensäurehaltige Wässer chemisch angegriffen werden. Vielmehr spielen hier die im abfließenden Wasser enthaltenen organischen und anorganischen Säuren, die von bodenbildenden Prozessen herrühren, eine entscheidende Rolle. Und über lange Zeiträume bewirken sie den Zerfall des auf den ersten Blick so stabil wirkenden Granits.

Karrenbildung

Neben den geomorphologischen Formen sollte man aber auch den Granit selbst etwas genauer betrachten. Schon auf den ersten Blick fällt auf, dass größere idiomorphe Feldspatkristalle in einer feineren Matrix eingebettet liegen. Wegen dieser Struktur bezeichnet man diesen Granit als Porphyrgranit. Eine weitere Besonderheit ist die weitgehend in einer Richtung angeordnete Ausrichtung der länglichen Feldspatkristalle. Der Geologe spricht in diesem Fall von einem Fluidalgefüge (Fließgefüge), was ein Hinweis darauf ist, dass sich die schon auskristallisierten Feldspäte in der Schmelze noch in Bewegung befanden und sich strömungskonform, entsprechend des geringsten Widerstandes, anordneten.

Granit mit besonderer Struktur

8 cm großer Feldspatkristall

Durch die Vergrusung des Granits werden auf den Äckern zwischen Tirschenreuth und Hohenwald immer wieder bis

67

Exkursionspunkte im Grundgebirge

Bizarre Granitformationen am Wolfenstein bei Hohenwald

knapp 10 cm große, aus dem Granit herausgewitterte Feldspatkristalle gefunden. Besonders nördlich der Straße Hohenwald–Tirschenreuth bei den verlassenen Brüchen beim Wäldel sind sie recht häufig. Geht man offenen Auges über geackerte Felder, hat man in dieser Gegend gute Chancen, diese freigewitterten Kristalle zu finden.

Unnötig zu sagen, dass in so bizarre Felsen früher allerlei hineingedeutet wurde. Ob man nun darin nun eher Wölfe oder einen versteinerten Saurier sehen mag, das bleibt der Fantasie des Betrachters überlassen.

Die Felsgruppe Wolfenstein ist als Naturdenkmal unter Schutz gestellt und wird auch vom Bayerischen Landesamt für Umwelt unter der Nummer 377R017 als Geotop geführt.

Des Teufels Küchen

Die Große und Kleine Teufelsküche südwestlich der Kreisstadt Tirschenreuth zeigen teilweise noch im Verband liegende große Granitblöcke, die ebenfalls durch Wollsackverwitterung entstanden. Bemerkenswert sind außerdem das dortige Granit-Blockmeer, ein Wackelstein sowie verschiedene kleinere Verwitterungsformen des Falkenberger Granits.

Diese geologische Sehenswürdigkeit befindet sich 1,1 km nördlich der Ortschaft Pilmersreuth südlich von Tirschenreuth. Folgt man vom nördlichen Ortsrand von Pilmersreuth aus dem weiß-rot-weiß markierten Wanderweg, so erreicht man die Große Teufelsküche nach 15 – 20 Gehminuten. Diese hat die Ausmaße eines Fußballplatzes und ist insbesondere für Einheimische ein beliebtes Ausflugsziel. Im Talgrund verläuft ein kleines Bächlein, das weiter im Norden den Rothenbürger Weiher speist. Ihm verdankt dieses Geotop seine Entstehung oder, genauer gesagt, seine Freilegung, weil ein Riegel des spätvariszischen Falkenberger Granits diesem Bach seinen Lauf versperrte.

Zwiebelschalenartiger Aufbau des Granitkörpers

Dieser Granitkörper zeigt ähnlich dem Schlossberg in Flossenbürg einen zwiebelschalenartigen Aufbau. Vermutlich schon in der Tertiärzeit fand unter der bereits damals höher gelegenen

Oberfläche eine tiefgründige Verwitterung entlang der Klüftung und Bankung des Granits statt.

Beiderseits des Bachlaufs türmen sich die noch im ursprünglichen Verband liegenden Granitblöcke wie riesenhafte Mauern mit einer Höhe von über 10 m auf. An drei Stellen haben sich durch überhängende Granitblöcke kleine „Höhlen" gebildet.

Schalenaufbau des Granits an der Großen Teufelsküche

Vermutlich seit dem Ende der letzten Eiszeit führt dieser kleine Bach den durch Verwitterung entstandenen Granitgrus aus den Spalten fort. So kam es aufgrund der schrägen Bankung zum Abrutschen und Kippen großer Blöcke. Dies führte letztendlich zur Entstehung des dortigen Blockmeers.

Immer wieder und über lange Zeit an der gleichen Stelle herablaufendes Wasser mit darin enthaltenen organischen und anorganischen Säuren führte zur Bildung von Lösungsrillen, die als Pseudo- oder Silikatgesteinskarren bezeichnet werden. Das bekannte Sprichwort „Steter Tropfen höhlt den Stein" trifft gerade hier beim Granit auch wirklich zu.

Das Bayerische Landesamt für Umwelt führt das geschützte Naturdenkmal als Geotop „Große Teufelsküche" unter der Nummer 377R019 im bayerischen Geotopkataster.

Felsturm aus Granit bei der Großen Teufelsküche

Dem Bachlauf nach Norden folgend kommt man zur Kleinen Teufelsküche, einem nur über Wanderwege zu erreichenden Hangaufschluss. Am südlichen Ende liegt nach einem leichten Aufstieg der „Wackelstein" auf einem kleinen Felsturm. Der gleiche Bach, der weiter südlich schon die große Teufelsküche durchquert, hat auch hier den Granitgrus zwischen den Blöcken ausgewaschen und sich zwischen diesen eingegraben. An einigen Stellen ist noch ein Gurgeln und Rauschen zu hören, der Bach selbst aber nicht mehr zu sehen.

Der dortige Wackelstein ruht nur auf einer kleinen, hangabwärts gerichteten Auflagefläche. Wackelsteine bilden meist die Endphase der Woll-

Exkursionspunkte im Grundgebirge

Wackelstein bei der Kleinen Teufelsküche

sackverwitterung und lassen sich zum Teil von Hand oder mit einem Hebel bewegen. Hier jedoch steht der Name wohl eher für den wackeligen Aufbau der Felsformation.

Das Naturdenkmal „Kleine Teufelsküche" wird vom Bayerischen Landesamt für Umwelt unter der Nr. 377R018 als geowissenschaftlich bedeutendes Geotop geführt.

Leuchtenberg: Karfunkelsteine im Granit

Der Granitkörper von Leuchtenberg ist das zweite große Granitgebiet der Nördlichen Oberpfalz, das mit zahlreichen Verwitterungsformen am Burgberg sowie im nahen Luhe- und Lerautal aufwarten kann. Weniger bekannt als das Waldnaabtal präsentiert sich diese Granitgegend dem Besucher als charmante, kaum besuchte Landschaft. Sie wird daher noch als ein Geheimtipp für Naturliebhaber und Wanderer gehandelt. Hier zeigt sich ein heller feinkörniger Granit, der durch die Kräfte von Verwitterung und Abtragung zu sanften Formen modelliert wurde.

Eingebettet in den Gneisen der Neustädter Scholle, auch Zone Erbendorf-Vohenstrauß genannt, bildet der Leuchtenberger Granitpluton sanfte Kuppen und besonders malerische Bach- und Flusstäler mit Blockmeeren, Formen der Wollsackverwitterung, Strudellöchern und Schliffen. Südlichster Vertreter dieses Granittyps in der Nördlichen Oberpfalz ist der Höhenrücken von Leuchtenberg, auf dem die Burg und der gleich-

Blick auf Leuchtenberg mit seiner Burganlage

namige Ort liegen. Nur wenig südlich von Leuchtenberg grenzt die Luhe-Linie, eine markante tektonische Störung, einen geologisch deutlich anderen Bereich ab. Zwar findet man vielfach auch jenseits dieser Störung Granite, die sich aber durch ihre Struktur, ihr Alter und ihre oft rötliche Färbung (wie zum Beispiel der frühvariszische Granit im Wölsendorfer Flussspatrevier) deutlich von den schon beschriebenen spätvariszischen Graniten unterscheiden.

s. Abb. zur Tektonik Seite 12

Besonders malerisch ist das Lerautal im Naturschutzgebiet „Wolfslohklamm" nördlich der B 22 bei Leuchtenberg. Auf den schmalen Pfaden des vom Deutschen Wanderverband prämierten und bisher noch wenig bekannten „Goldsteig", der in Bayern von Marktredwitz nach Passau führt, kann man dem Lauf der Lerau folgen und die Wirkung der Kräfte von Verwitterung und Abtragung auf den Granit studieren.

Wolfslohklamm und Goldsteig

Dass der zähe und hier leicht gewinnbare Granit in früheren Zeiten auch abgebaut wurde, verwundert nicht. Doch hat der Granitabbau von Leuchtenberg nicht annähernd die Bedeutung wie der um Flossenbürg erlangt. Die Wunden, die durch die beiden Leuchtenberger Steinbrüche, den Käs-Bruch nordwestlich der Ortsmitte und den südwestlich davon gelegenen Hegner-Bruch, in die Flanken des Berges geschlagen wurden, haben sich mittlerweile zu idyllischen Geotopen entwickelt, die sich harmonisch in die Landschaft einfügen und dem geologisch Interessierten einen Einblick in den Gesteinsaufbau ermöglichen. Für Mineraliensammler waren diese Granitbrüche allerdings nicht sehr ergiebig: nur wenige Funde von kleinen Rauchquarzkristallen mit Topas, Fluorit und Beryll wurden vom Käs-Bruch bekannt. Häufiger fanden sich jedoch die Uranglimmer Autunit und Torbernit auf den Klüften in den Gesteinen beider Steinbrüche.

Das Lerau-Tal bei Leuchtenberg

Typisch für die Randbereiche des Leuchtenberger Granits ist das Auftreten von winzigen Granatkristallchen und Sillimanitgarben am Kontakt des

Exkursionspunkte im Grundgebirge

Granatkristall aus der Lerau

Paragenese: Mineralvergesellschaftung

Edelstein- und Goldwaschen in der Lerau

Feinkörniger Granit aus dem Lerau-Tal

Granits zum Gneis. Bei Steinach südöstlich von Leuchtenberg findet man ohne große Mühe auf den dortigen Lesesteinhaufen schöne Granatkristalle in Paragenese mit Sillimanit im Hornfels. Dieser Hornfels verdankt seine Entstehung den kontaktmetamorphen Vorgängen bei der Intrusion des Leuchtenberger Granits in die Gneise, woraus sich Rückschlüsse auf die Druck- und Temperaturbedingungen während dieses Geschehens ziehen lassen. Diese Intrusion vollzog sich bei mehr als 550 °C in einer Tiefe von 5 bis 10 km. Dass diese Kontaktbereiche heute am Wegesrand zu beobachten sind, ist wieder den Kräften der Erosion zu verdanken, die das überlagernde Gebirge in den letzten 300 Millionen Jahren abgetragen haben.

Im Gegensatz zu Flossenbürg und Falkenberg sind die Feldspatkristalle hier viel kleiner und erreichen kaum Kristallgrößen von mehr als einem Zentimeter. Auch der Biotitanteil ist in Leuchtenberg nur gering. An einigen Stellen kann man bei sehr gründlicher Beobachtung im Gelände, wie etwa am „Hellen Stein" am westlichen Ortsrand von Steinach, winzige, im Granit eingewachsene, rote bis rotbraune Granatkristalle erkennen. Diese wurden bei der Verwitterung des Granits aufbereitet und im Lerau-Bach zu Schwermineralsedimenten konzentriert. Mit einer Goldwaschschüssel lassen sich hier ohne großen Aufwand unzählige dieser wunderschönen, kleinen Karfunkelsteine waschen, und mit etwas Glück befindet sich darin das ein oder andere Goldflitterchen. Reich wird man beim Edelstein- und Goldwaschen in der Lerau sicher nicht, doch insbesondere für Kinder ist es ein herrliches Natur- und Sammelerlebnis.

Um die Wolfslohklamm und des Teufels Butterfass ranken sich zahlreiche Sagen und Legenden. Nicht abwegig erscheint jedoch die Meinung, dass hier früher tatsächlich Wölfe lebten, denen das unübersichtliche Gelände reichlich geeignete Unterschlüpfe und Verstecke bot.

Das Lerautal bei Leuchtenberg mit einer Fläche von 91 Hektar steht bereits seit 1938 unter Naturschutz. Die Wolfslohklamm (Geotop-Nr. 374R030), des Teufels Butterfass (Geotop-Nr. 374R016), der Hohe Stein am östli-

Die Granitlandschaften der Nördlichen Oberpfalz

Die **Burganlage von Leuchtenberg** ist eine der größten der Oberpfalz und dient heute als optisch interessante historische Kulisse für die jährlich stattfindenden Burgfestspiele. Sie wurde erstmals im Jahr 1124 urkundlich erwähnt, entstand aber wohl schon im 11. Jahrhundert. Die Bauherren waren die Landgrafen von Leuchtenberg, ein bedeutendes Adelsgeschlecht der Oberpfalz. Im 30-jährigen Krieg wurde Leuchtenberg mehrfach belagert und schließlich eingenommen, doch erst ein Großbrand im 19. Jahrhundert fügte der Burg und dem Markt so schweren Schaden zu, dass das nicht mehr genutzte Gemäuer verfiel. Von Anfang April bis Ende Oktober ist die Burg geöffnet  und bietet dem Besucher einen großartigen Ausblick in die Landschaft der Nördlichen Oberpfalz und über die Fränkische Linie hinaus bis hin zu den Vulkanen im mesozoischen Vorland sowie zum Monte Kaolino bei Hirschau.

chen Ortsrand von Leuchtenberg an der Ortseinfahrt (Geotop-Nr. 374R018), der Helle Stein am Westrand von Steinach sowie die beiden Granitbrüche zeigen die hohe Wertigkeit dieses Geotopkomplexes.

Ein Berg aus Rosenquarz: Der Kreuzberg in Pleystein

Dieses imposante „Quarz-Riff" stellt den Rest eines ehemals größeren Quarzpegmatits dar. Verwitterungsprozesse haben im Laufe der Jahrmillionen den im Vergleich zu den umgebenden Gneisen morphologisch härteren Quarz herauspräpariert. Zur geologisch einzigartigen Besonderheit wird der Kreuzberg allerdings dadurch, dass deutschlandweit nirgendwo ein pegmatitischer Quarzkörper derart gut aufgeschlossen und so problemlos für Besucher zugänglich ist. Die weiter östlich gelegenen ehemaligen Pegmatitgruben Hagendorf-Süd und Hagendorf-Nord liegen unter der Erdoberfläche und sind heute nicht mehr begehbar. Wie fast alle nordostbayerischen Pegmatite ist der Kreuzberg am Ende der variszischen Gebirgsbildung entstanden und hat ein Alter von ungefähr 300 Millionen Jahren.

Ein einmalig gut aufgeschlossener Pegmatitkörper

Ganz allgemein sind Pegmatite den plutonischen Graniten sehr ähnlich, unterscheiden sich von diesen aber durch ihre Grob- oder gar Riesenkörnigkeit der sie aufbauenden Minerale. Kristalle können dabei Größen bis zu mehreren Metern erreichen. Entstanden sind sie aus granitischen Restschmelzen

Entstehung und Zusammensetzung der Pegmatite

Exkursionspunkte im Grundgebirge

„Quarz-Riff", der Kreuzberg in Pleystein

bei der Erstarrung des Magmenkörpers und bestehen hauptsächlich aus Feldspat, Quarz und Glimmer. Eine Besonderheit der Pegmatite ist es, dass die Restschmelzen häufig seltene Elemente wie Fluor, Bor, Beryllium und Phosphor, aber auch Eisen, Mangan oder Zink enthalten können, die auf Grund ihrer großen Ionenradien nicht in die gesteinsbildenden Hauptmineralien des Granits eingebaut werden können. Nach diesen typischen Nebenkomponenten werden Pegmatite daher beispielsweise in Turmalinpegmatite (mit viel Bor), Beryllpegmatite oder wie im Falle des Kreuzberges und seiner Schwestervorkommen in Phosphatpegmatite untergliedert. Bei der Entstehung dieses Gesteins drangen die „leichtflüchtigeren" Restschmelzen in tektonisch entstandene Spalten oder Hohlräume der umgebenden Gneise ein. Dieser Vorgang spielte sich unter

Einteilung der Pegmatite

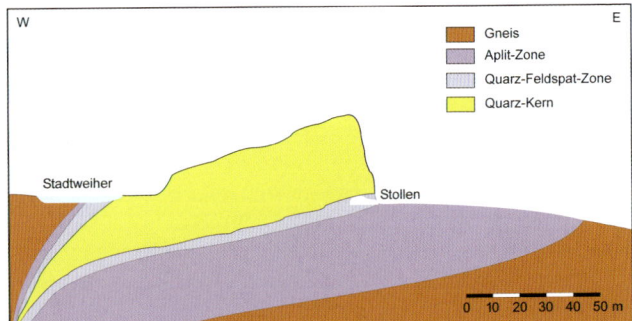

Der spektakuläre Rosenquarzfelsen des Kreuzberges in Pleystein stellt den Quarzkern eines abgetragenen zonierten Pegmatitkörpers dar. Modifiziert nach WILK (1960).

hohem Druck und bei hohen Temperaturen in einigen Kilometern Tiefe ab.

Unter anderen Kristallisationsbedingungen als beim Granit entmischte sich in Pleystein die Restschmelze so stark, dass es zu einem zonaren Aufbau kam. Der darin enthaltene Phosphor, aber auch Zink, Lithium, Eisen, Fluor, Calcium, Mangan, Kupfer und Uran wurden durch diesen Vorgang nochmals angereichert, und aufgrund der Reaktivität des Phosphats bildete sich eine Vielzahl verschiedenster, oft seltener Mineralien.

Elementanreicherung und Mineralbildung in Pegmatiten

In Hohlräumen des Quarzes fanden sich früher viele seltene Mineralien, vorwiegend primäre und sekundäre Phosphate. Außer Phosphaten hat sich auch eine Reihe von Erzmineralien, vorwiegend Hämatit, Zinkblende, Columbit und Magnetkies, in beachtlichen Mengen angereichert.

> Historische Quellen beschreiben den **Kreuzberg** als Ort bergbaulicher Tätigkeiten. Nach Dokumenten aus dem Jahre 1565 soll hier sogar nach Gold gegraben worden sein. Ganz abwegig erscheint das nicht, denn in neueren Untersuchungen (DILL et al., 2007) wurde im Pflaumbach zu Füßen des Kreuzbergs Gold nachgewiesen. In den Jahren 1738 und 1739 versuchte man sogar, am Kreuzberg unter Tage Eisenerz zu gewinnen, doch wurden diese Bemühungen bald wieder eingestellt, da die vorhandene Vererzung zu gering und die Gewinnung im harten Gestein zu schwierig war.
> Ab dem Jahr 1851 bis etwa 1920 wurde in Pleystein in einem Steinbruch Quarz abgebaut, der einerseits wegen seiner Reinheit in der heimischen Glasindustrie begehrt war, andererseits aber auch beim Wegebau Verwendung fand. Dadurch entstand die heute zu sehende steile Ostwand. Früher erstreckte sich der Quarzkörper an dieser Seite bis an die Straße, also über die heutige Grünanlage hinweg. Bei Sprengarbeiten in diesem Quarz-Steinbruch wurde im Jahr 1897 der oben genannte verschüttete Stollen des Eisenerzbergbaus wiederentdeckt. Zwei Pleysteiner Heimatforscher räumten 1923 den Stollen teilweise, doch beendeten eindringendes Wasser und loses Gestein dieses gefährliche Vorhaben nach circa 15 m. Heute ist dieser Stollen nicht mehr begehbar und durch ein Eisentor gesichert.

Wenn man als Besucher des Rosenquarzstädtchens Pleystein intensiv gefärbten Rosenquarz erwartet, wird man wohl erst einmal enttäuscht sein. Der Quarz hat durch Ausbleichung fast überall seine typische Farbe verloren und daher eine weiße bis graue Tönung, welcher der Ort seinen Namen zu verdanken hat. Denn mit Blei hat der Name nichts zu tun, vielmehr verbirgt sich dahinter der Begriff „Bleicher Stein". Zu Steinbruchzeiten muss dies anders gewesen sein, auch was die Fundmög-

Namensherkunft von Pleystein

Rosenquarz aus Pleystein

Exkursionspunkte im Grundgebirge

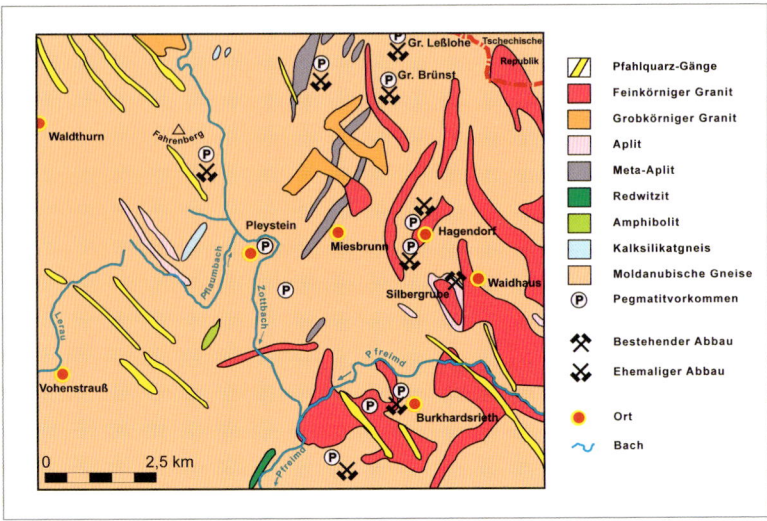

In der Pleystein-Hagendorfer Pegmatitprovinz bilden die hochmetamorphen Gneise den Rahmen für Pegmatite, Aplite und Aploide, die in vielen Fällen interessante Mineralbildungen mit sich führen. Modifiziert nach FORSTER (1975).

Weltberühmte Mineralien

lichkeiten für die weltberühmten Phosphatmineralien betrifft. Mit großem Weitblick schenkte der Pleysteiner Bürger Ferdinand Lehner (1868 – 1943) zu jener Zeit diesen seltenen Mineralien seine Aufmerksamkeit, und ohne seine Sammeltätigkeit wären heute wahrscheinlich nur wenige der weltberühmten Mineralien in den Sammlungen und Museen der ganzen Welt vorhanden.

Während die violetten Kristalle des Kreuzberges in früheren Jahrhunderten fälschlicherweise als unbedeutende kleine Amethyste betrachtet wurden, hob Lehner diese für seine Sammlung auf. Bei späteren Untersuchungen stellte sich heraus, dass es sich dabei um Strengit- und Phosphosideritkristalle handelt, die weltweit ihresgleichen suchen. Viele seiner Funde sind heute im Mineralien- und Heimatmuseum am Marktplatz zu bewundern.

Drei in Pleystein vermeintlich neu entdeckte Mineralien Pleysteinit, Lehnerit und Kreuzbergit erwiesen sich später als mit bereits anderswo gefundenen Mineralien identisch, sodass diese Namen mit ihrem lokalen Bezug wieder zurückgezogen wurden. Wegen der Verdienste Lehners um die Mineralogie wurde jedoch im Jahr 1988 durch Prof. Arno Mücke ein in

Hagendorf gefundenes Phosphatmineral erneut als Lehnerit benannt. Und diese Benennung hat bis heute als einer von circa 4300 anerkannten Mineralnamen weltweit Bestand.

Als absolute Raritäten gelten die weltweit ausgesprochen seltenen Mineralien Carlhintzeit (ein Calcium-Aluminium-Fluorid) und Benyacarit (ein Titan-Phosphatmineral) vom Kreuzberg, die hier erst vor wenigen Jahren auf alten Sammlungsstücken entdeckt wurden.

Strengitkristalle aus Pleystein

Seit vielen Jahren steht der Kreuzberg unter Naturschutz und ist zu einem beliebten Ausflugsziel für Besucher aus nah und fern geworden. Vom Gipfel aus hat man eine herrliche Aussicht in das von sanften Gneishügeln geprägte Umland. Die in der Parkanlage am Kreuzberg aufgestellten großen Sprossquarzkristalle stammen übrigens nicht aus Pleystein, sondern aus dem schon erwähnten, nahe gelegenen Pegmatitvorkommen bei Hagendorf. Sie stellen eine passende Ergänzung dieses Geotops dar.

Eine besondere Ehrung wurde diesem Naturdenkmal, das vom Bayerischen Landesamt für Umwelt unter der Geotop-Nummer 374A015 registriert ist, im Jahre 2004 durch die Prämierung als eines der „100 schönsten Geotope Bayerns" zuteil. Besuchenswert ist auch der „PleySteinpfad", ein kleiner geologischer Lehrpfad im Stadtteil Gsteinach, der Gesteine aus der näheren Umgebung zeigt und einen herrlichen Panoramablick auf Pleystein bietet.

Sprossenquarz aus Hagendorf

Geologischer Lehrpfad „PleySteinpfad"

Das Wölsendorfer Flussspat-Revier

Zu den schönsten geologischen Erscheinungen der Oberpfalz gehören die Mineralgänge des Wölsendorfer Flussspat-Reviers. Diese Bezeichnung steht für ein etwa 15 km langes, circa 8 km breites und geologisch keineswegs einheitlich aufgebautes Gebiet um den kleinen Ort Wölsendorf zwischen Nabburg und Schwarzenfeld im Landkreis Schwandorf. Um die 100 Flussspat, Schwerspat und Quarz führende Gänge durchschwärmen hier die Gneise und die Granite am Westrand der Böhmischen Masse. Aber nur etwa 30 von ihnen hatten eine

Exkursionspunkte im Grundgebirge

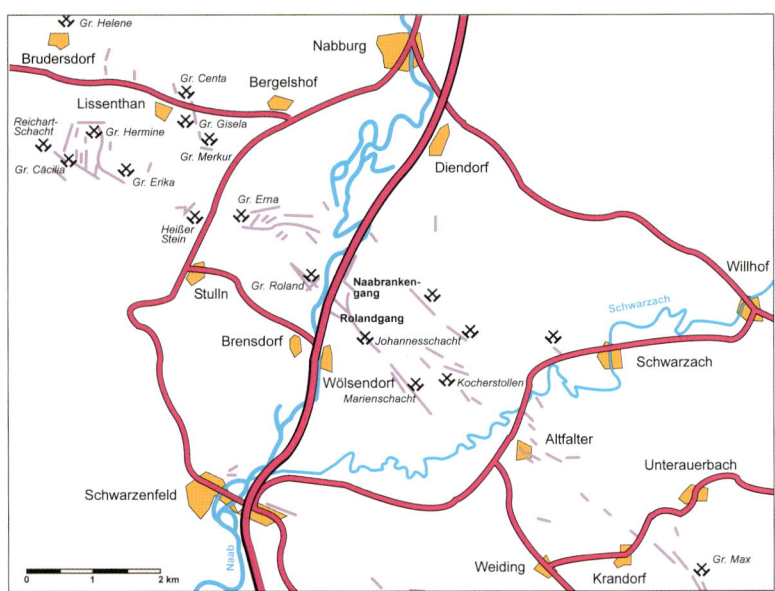

Im Wölsendorfer Flussspatrevier zwischen Nabburg und Schwarzenfeld wurden in etwa 30 Gruben rund 3 Millionen Tonnen Flussspat gefördert. Die Gänge liegen am Westrand des Grundgebirges im Granit und Gneis.

wirtschaftliche Bedeutung und weisen Mächtigkeiten von 1 m bis maximal 12 m auf; die meisten sind nur wenige Zentimeter mächtig. Die Streichrichtung der Gänge verläuft in der Regel Nordwest-Südost. Es gibt aber auch Nord-Süd verlaufende Gänge mit bedeutenden Mächtigkeiten, wie zum Beispiel den Hermine-Gang.

Geologischer Aufbau und Gangmineralisationen

Einzelne Gänge waren bis 300 m Teufe und im Streichen auf einer Länge von bis zu 4000 m bergmännisch erschlossen. Das Revier weist einen zonaren Aufbau und eine vertikale Gliederung auf. Im Zentrum findet man die dunklen Gänge mit Uranmineralisationen, Blei- und Kupfermineralien sowie Stinkspat, einem schwarzen Flussspat, der beim Zerkleinern nach Fluor riecht. Im Randbereich sind die hellen Flussspatgänge oder nur Schwerspat führende Gänge anzutreffen. Ein ideales, symmetrisches Gangbild zeigt sich im Wölsendorfer Revier jedoch nur selten.

Die Flussspatgänge im Wölsendorfer Revier durchbrechen steil stehend die Granit- und Gneismassen zwischen den Orten Brudersdorf und Wundsheim. Sie führen vorwiegend Flussspat und Schwerspat in einem Verhältnis von etwa 1 : 3 sowie Quarz in wechselnden Anteilen. Untergeordnet treten als herrliche Kristallbildungen Calcit, Dolomit, Pyrit, Markasit, Zinkblende, Bleiglanz, Kupferkies und sporadisch circa 90 weitere, zum Teil sehr seltene Mineralien auf.

Flussspatkristalle (Fluorit) aus dem Wölsendorfer Revier

Die hydrothermalen Gänge sind im oberen Perm beginnend in mehreren Phasen und über einen längeren Zeitraum hinweg entstanden. Im Nachhall der

Genese der Flussspatgänge

variszischen Gebirgsbildung stiegen in tektonisch gebildeten Spalten aus der Tiefe heiße, übersättigte Wässer auf, wobei die in ihnen gelösten Mineralien in den Spalten auskristallisierten. Da es während der mehrphasigen Mineralisation oft zu tektonischen Bewegungen kam, durchsetzen häufig jüngere Flussspat- oder Schwerspatgängchen sowie Nebengesteinsbrekzien die Gänge. Zur Tiefe hin nimmt der Fluoritgehalt ab und die Gänge vertauben schließlich. Im Randbereich des Reviers existieren Gänge, die zwar nur wenig oder gar keinen Flussspat mehr führen, stattdessen aber mit Quarz oder Schwerspat gefüllt sind. Auch sie gehören zweifelsfrei dem gleichen Bildungszyklus an.

hydrothermal: durch heiße, gas- und salzreiche wässrige Lösungen entstanden

Die wirtschaftliche Bedeutung dieses Rohstoffvorkommens war früher, auch weltweit betrachtet, enorm. In den Jahren nach dem Zweiten Weltkrieg hatte der Flussspatbergbau in der Oberpfalz seinen Höhepunkt. 10 % der Flussspat-Weltjahresproduktion kamen aus dem Wölsendorfer Revier und bis zu 1000 Kumpel schafften unter Tage. Die Grube Cäcilia bei Lissenthan war damals sogar die größte Flussspatgrube der Welt. Von 1959 bis 1969 wurden circa eine Million Tonnen Flussspat aus Tiefen bis zu 320 m gefördert; die Gesamtlänge der Stollen betrug mehr als 100 km. Mit der Stilllegung der Grube Hermine bei Lissenthan im Jahr 1987 endete eine lange Bergbautradi-

Geschichte des Wölsendorfer Flussspatbergbaus

tion, die mit wenigstens drei bekannten mittelalterlichen Stollen zunächst auf Silber und später auf Blei begonnen hatte.

Wirtschaftliche Verwendung von Fluorit

Industriell wird Fluorit hauptsächlich als Flussmittel zur Herabsetzung der für den Verhüttungsvorgang notwendigen Temperaturen in der Metallindustrie verwendet. Seinen Namen hat er der Eigenschaft zu verdanken, dass er Erz besser zum Fließen bringt. Unentbehrlich ist dieser Rohstoff zur Herstellung von Fluorverbindungen, besonders von Fluorwasserstoff für die chemische Industrie. Eine Flusssäure-Fabrik befindet sich noch heute in Stulln.

Ein ebener Weg in den Berg: Der Kocherstollen

Zwei Kilometer östlich von Wölsendorf wurde mit dem Kocherstollen der kleine, aber für das Revier typische Kochergang angefahren, der heute als Besucherbergwerk ausgebaut ist und einen Einblick in die Geologie eines Flussspatganges bietet. Wenngleich diese Grube nur ein relativ unbedeutendes Flussspat-Bergwerk war, so sind die langen Stollen und Abbau-Spalten doch sehr beeindruckend.

Schaustollen

Der Kochergang fällt mit etwa 70 – 80° nach Südwesten ein und erreicht stellenweise eine Mächtigkeit von bis zu 150 cm, wobei die mittlere Gangmächtigkeit über 1 m liegt. Anfangs wurde das Vorkommen oberirdisch erschürft. Dieser Pingenzug ist heute noch auf 150 m Länge gut sichtbar. Die eigentliche Grube wurde 1937 eröffnet und bis 1952 betrieben. Später versuchte man in größerer Tiefe von der 70-m-Sohle des Marienschachtes diesen Gang durch einen Querschlag weiter abzubauen. Jedoch blieb es wegen der zu geringen Flussspat-Mächtigkeit von nur 10 – 20 cm in dieser Teufe beim erfolglosen Versuch.

Mundloch des Kocherstollens bei Wölsendorf

Geophysikalische Messungen über Tage haben Anfang der 1970er Jahre nochmals zu dem Vorschlag geführt, den Kochergang, der möglicherweise im Naabrankengang seine Fortsetzung findet, vom Verbundbergwerk Marien-Johannesschacht aus aufzufahren. Dieser Querschlag hätte über eine Million Mark gekostet und wurde aus wirtschaftlichen Überlegungen dann doch nicht realisiert.

Das Wölsendorfer Flussspat-Revier

Heute ist der Stolleneingang des Kocherstollens durch den Bergknappenverein Marienschacht-Wölsendorf schön gestaltet und auf jeden Fall einen Besuch wert. Etwa 500 m des alten Stollens wurden von den Vereinsmitgliedern in jahrelanger, mühevoller Arbeit freigelegt und in den Jahren 1995 und 1999 zur Begehung abschnittsweise eröffnet. Trocken und problemlos kann man heute den Kocherstollen besichtigen. Vom Stollenmundloch geht man etwa 250 m ebenerdig und schnurgerade zum sogenannten „Bahnhof", wo sich der Stollen verzweigt. Unter sachkundiger Führung erhält man hier einen Eindruck von der harten Arbeit unter Tage und Kenntnis von den dabei zum Einsatz gekommenen Geräten. Eine Stollenbesichtigung ist sogar für Rollstuhlfahrer möglich.

Stinkspat aus Wölsendorf

Für den Mineraliensammler hatte der Kochergang einiges zu bieten: Violetter und sogar tiefschwarzer Flussspat (Stinkspat) in verschiedenen Kristallformen waren am häufigsten. Seltener kamen auch graugrüne oder gelbbraune Flusspäte, Schwerspäte, Eisenkiesel, Erz- und Uranmineralien (insbesondere Torbernit) vor. In vielen öffentlichen und privaten Mineralien-Sammlungen der Region kann man diese farbenprächtigen Funde heute bestaunen.

Mit Eisenkiesel überzogene Fluoritkristalle aus dem Kocherstollen

Der Flussspat beißt aus: Der Rolandgang bei Wölsendorf

Südlich von Nabburg tritt etwa 20 m östlich der A 93 Regensburg–Weiden direkt an einem autobahnparallelen Weg von Wölsendorf nach Nabburg am Westhang des Wölsenberges der etwa 1 m mächtige Rolandgang zutage. Dieser Gangausbiss ist eine der wenigen Stellen, an denen der Flussspat an der Oberfläche erhalten geblieben ist. Genau genommen ist der Hauptgang hier in wenigstens zwei nahezu saiger (senkrecht) stehende Teilgänge, sogenannte Trümer, aufgespalten.

Exkursionspunkte im Grundgebirge

Dunkler Flussspat im Rolandgang am Wölsenberg

primär, sekundär: durch magmatische Vorgänge bzw. durch spätere Umwandlung entstanden

Fluorit wurde als Honigspat in den Gruben am Wölsenberg abgebaut

Im Rolandgang, den man nicht mit der Grube Roland westlich der Naab verwechseln sollte, baute die Grube Johannesschacht bis zum Jahr 1963 Flussspat ab. Seit ungefähr 1890 begann man das Vorkommen entlang eines heute noch sichtbaren Pingenzuges oberflächlich im Staatsbruch und Weberbruch abzubauen. Als dies zu schwierig wurde, begann man zum Untertagebau überzugehen.

Die Masse des Flussspats ist als dunkelvioletter bis schwarzer Flussspat (Stinkspat) ausgebildet. Stellenweise enthält der Gang mehr Baryt als Fluorit, aber schon nach wenigen Metern kann dieser helle Schwerspat wieder ganz ausbleiben.

Die großen Geognosten Mathias von Flurl und C. W. von Gümbel haben an dieser Stelle gestanden. Und sogar in der historischen Sammlung von Johann Wolfgang von Goethe in Weimar existiert ein Stück Flussspat vom Wölsenberg. Neben Flussspat, Schwerspat und Quarz kamen hier primäre und sekundäre gebildete Uran-, Eisen-, Kupfer-, Zink- und Bleimineralien vor. Dünne Quarzbänder durchziehen den Flussspatgang und manchmal waren auch Hohlräume vorhanden, in denen die genannten Mineralien frei wachsen und prächtige Kristalle bilden konnten. Ein hier weltweit erstmals gefundenes sekundäres Uranmineral wurde nach dem Fundort sogar Wölsendorfit genannt.

Durch nun aus Sicherheitsgründen angebrachte Trapezbleche ist das Vorkommen heute vor allzu eifrigen Mineraliensammlern geschützt. Das Bayerische Landesamt für Umwelt führt das Geotop unter Nr. 376A020.

Buntes Glitzern in der Tiefe: Der Reichhart-Schacht bei Stulln

Der kleine Weiler Freiung bei Schmidgaden/Stulln ist leicht von der direkt an der A 93 Regensburg–Hof gelegenen Stadt Nabburg über Lissenthan zu erreichen. Dort bietet das Besucherbergwerk Reichhart-Schacht die Möglichkeit, die farbenprächtigen Flussspatgänge zu bestaunen. Der Entdecker des Vorkommens, Josef Reichhart, ließ das auf seinem Grund und Boden gelegene Vorkommen nicht vollkommen ausbeuten und baute es als Außenstelle des Bergbau- und Industriemuseums Ostbayern in Theuern bei Amberg zu einem Schaubergwerk aus.

Unter fachkundiger Führung kann man sich hier die Geologie des Flussspatreviers erklären und in alte Bergbautechniken einführen lassen. Anhand von zahlreichen Ausstellungsstücken wie Grubenlampen, Werkzeugen, Sprengmitteln und vielem mehr wird aufgezeigt, wie schwer die Gewinnung des „Spates" in früherer Zeit war.

Förderturm am Reichhart-Schacht

Schon auf der 8-m-Sohle ist im Anstehenden der grüne, gebänderte Flussspat zu sehen. Die symmetrische Gangabfolge beginnt am Salband mit dunkelviolettem Fluorit und geht von Chalcedon zu grünem Fluorit und fleischfarbenem Baryt in der Gangmitte über. Stellenweise sind die genannten Mineralien auch farbenfroh auskristallisiert.

Farbenvielfalt im Besucherbergwerk

Der Förderturm, der seit 2005 am Reichhart-Schacht seine letzte Bleibe gefunden hat, diente ursprünglich auf der Grube Roland nordwestlich von Wölsendorf und später, von 1976 bis zur Stilllegung im Jahr 1987, auf der nahe gelegenen Grube Hermine.

Der Besuch dieses Schaubergwerks ist ein absolutes „Muss" für den geologisch, mineralogisch oder heimatkundlich Interessierten. Eine Führung dauert etwa 40 Minuten. Helm und Schutzkleidung werden dabei gestellt. Nach der Grubeneinfahrt bietet sich das urige „Steigerhäusl" mit den vom Wirt selbst hergestellten Wurstwaren für eine Oberpfälzer Brotzeit an.

Gebänderter Flussspat aus dem Rolandgang

Das Bayerische Landesamt für Umwelt führt das Geotop unter Nr. 376G004.

Exkursionspunkte im Deckgebirge

Die Grube Vesuv: Die Bleierzlagerstätte von Freihung

Die Bleierzlagerstätte von Freihung gilt als eines der größten Bleivorkommen Europas. Zwar ruht der Bergbau schon seit über einem halben Jahrhundert, doch zeugen die kaum bewachsenen, weitläufigen Halden der ehemaligen Grube Vesuv von den Erzen, auf die über 500 Jahre lang Bergbau betrieben wurde. An über 65 Stellen wurde früher im Raum Freihung Blei abgebaut. Westlich von Tanzfleck befand sich eine in Sammlerkreisen berühmte Fundstelle für ausgezeichnete Pyromorphitkristalle (Grünbleierz).

Spuren des einstigen Bergbaus

Von den ehemaligen Bergwerksanlagen sind heute nur noch unscheinbare Ruinen zu sehen. Die Halden liegen links und rechts des Weges, der an der Bahnunterführung von der Marktstraße nach Süden abzweigt. Beim Besuch sollte man unbedingt auf den Wegen bleiben, weil das gesamte ehemalige Bergwerksgelände wegen der bestehenden Einsturzgefahr keinesfalls betreten werden darf, worauf auch zahlreiche Schilder hinweisen. Doch kann man auch vom Rand des Grubengeländes einen guten Eindruck von diesem Bergbauareal erhalten. Die Halden sind kaum und stellenweise überhaupt nicht bewachsen. Das liegt einerseits an der schlechten Speicherkapazität des Sandes für Wasser und andererseits an seinen immer noch hohen Bleigehalten.

Künstliche Dünenlandschaft: die Halden der Grube Vesuv

Die Grube Vesuv: Die Bleierzlagerstätte von Freihung

Die Freihunger Bleierze sind an den unteren Keuper und den oberen Muschelkalk gebunden und damit circa 200 Millionen Jahre alt. Die geologische Situation am Rande eines mesozoischen Beckens ist in den an der Freihunger Störung gekippten und verzahnten Schichtpaketen ausgesprochen komplex. Das Bleierz liegt in diesem Lagerstättenkomplex in der Form von Cerussit (Weißbleierz), Pyromorphit (Grünbleierz) und Galenit (Bleiglanz) vor.

Grünbleierz auf Sandstein von Tanzfleck bei Freihung

Den größten Anteil an den genannten Mineralien hat der Cerussit, der als Bindemittel im Sandstein die Poren füllt oder seltener auf Klüften kristallisiert vorliegt. Der Cerussit ist sekundär aus dem Bleiglanz entstanden. Früher wurde viel über die primäre Genese der Lagerstätte spekuliert, doch geht man heute davon aus, dass die Bleimineralisation in küstennah abgelagerten Sedimenten durch Stoffeinträge aus dem Grundgebirge (spät-)diagenetisch bis epigenetisch erfolgte (DILL et al., 2007). Funde von versteinerten Hölzern sprechen ebenfalls für diese Entstehung.

diagenetisch, epigenetisch: während bzw. nach der Verfestigung von Lockersedimenten

Die **Geschichte des Freihunger Bleibergbaus** reicht viele Jahrhunderte zurück. Da Freihung 1427 erstmals erwähnt wurde und sein Name von den Bergfreiheiten, welche diesem Ort gewährt wurden, herrührt, kann man von einem noch weiter zurückreichenden Bergbau ausgehen. Historisch gesichert ist, dass das Blei bis 1561 nur oberflächlich im Tagebau gewonnen wurde. In diesem Jahr begann der Stollen- beziehungsweise Untertagebau. Probleme mit der Wasserhaltung, der Dreißigjährige Krieg und häufige Grenzstreitigkeiten behinderten jedoch die Entwicklung des Freihunger Bergbaus.

Seinen Aufschwung nahm der Bergbau in Freihung, als im Jahr 1860 die Grube Vesuv eröffnet wurde. Obwohl sich ein damals neu eingeführtes Verfahren zur Säurelaugung des vererzten Sandsteins nicht bewährt hatte und man bald wieder zum althergebrachten Schmelzverfahren zurückkehrte, stieg die Zahl der Arbeiter auf der Grube Vesuv schnell auf 400 Mann. Zeitgleich waren noch die kleineren Gruben Johann, Zeche Franz, Neue Hoffnung-Zug, Wilhelm, Kux, Vulkan, Hiberia und Angila in Betrieb. Aber schon im September 1890 kam durch einen verheerenden Großbrand ein rasches Ende. Dass der Bergbau danach nicht wieder aufgenommen wurde, lag auch an den billigeren Erzimporten aus dem Ausland. Letzte Bergbauversuche datieren aus den Jahren 1937 – 1945, als Deutschland von den Weltmärkten weitestgehend abgekoppelt war. Nach dem Einmarsch der amerikanischen Truppen soffen die Stollen und Schächte ab, weil man die Pumpen für die Eisenerzgruben in Sulzbach-Rosenberg benötigte. Zwar wurden seither immer wieder Bohrungen und Untersuchungen durchgeführt, doch ist bisher kein Abbau in Sicht.

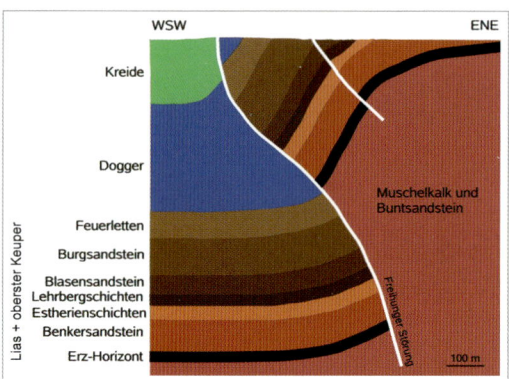

Der Erz-Horizont der Freihunger Bleierzlagerstätte wird durch zwei Störungen geteilt. Modifiziert nach GUDDEN (1974).

Durch eine Vielzahl von Kernbohrungen wurde die Lagerstätte bis zu einer Tiefe von 800 m untersucht. Deren Auswertung ergab, dass die sicheren Vorräte des Freihunger Vorkommens rund 200.000 t Blei betragen, was immerhin circa 0,1 % der weltweit bekannten und gewinnbaren Ressourcen entspricht. Anderen Lagerstättenberechnungen zufolge sind sogar mehrere Millionen Tonnen Blei vorrätig. Die Lagerstätte wurde dabei auf 1 – 2 km Breite und circa 3 – 6 km Erstreckung betrachtet. Dass hier kein Abbau stattfindet, liegt daran, dass die Erzkonzentration für einen heute rentabel zu betreibenden Abbau zu gering ist sowie an dem Umstand, dass das Bleierz im kostspieligen Tiefbauverfahren gefördert werden müsste.

Der Monte Kaolino und das „Weiße Gold" der Oberpfalz

Nähert man sich der Stadt Hirschau im Landkreis Amberg-Sulzbach, so bietet sich dem Besucher schon aus der Ferne eine fast unwirkliche Szenerie. Wie eine riesige Sanddüne erhebt sich ein schneeweißer Berg über die sanftwellige, vom Wechsel zwischen Wiesen und Feldern geprägte Landschaft. Und schon bald hatte die Bevölkerung der Nördlichen Oberpfalz für diesen 120 m hohen, künstlichen Berg einen passenden Namen gefunden: Monte Kaolino.

Kaolinbergbau

Seit dem Jahr 1833 bauen die heute noch bestehenden Firmen Eduard Kick Kaolin- und Quarzsandwerke GmbH & Co. und seit dem Jahr 1901 die Firma Amberger Kaolinwerke (AKW), die sich 1993 zur AKW-Kick GmbH zusammenschlossen, das „Weiße Gold" der Oberpfalz ab. Da die Hirschauer Abbauunternehmer schon bald nicht mehr wussten, wo sie die gewaltigen Abraummengen unterbringen sollten, begannen sie vor über 100

Der Monte Kaolino und das Weiße Gold der Oberpfalz

Der Monte Kaolino bei Hirschau

Jahren, den anfallenden Sand auf Halde zu schütten. Was zunächst als eklatante Störung des Landschaftsbildes anmutete, hat sich durch eine geschickte Umnutzung rasch zu einem attraktiven Freizeitpark entwickelt. Und heute hat sich der aus ungefähr 30 Millionen Tonnen Sand bestehende Berg zum Besuchermagnet entwickelt, an dessen bis zu 45° steilen Hängen sogar die Weltmeisterschaften der Sand-Skifahrer und Sand-Snowboarder ausgetragen werden.

Abraumhalden als Paradies für Sand-Skifahrer und Sand-Snowboarder

Die Kaolinlagerstätten im Raum Hirschau/Schnaittenbach stellen seit über 100 Jahren die Rohstoffbasis für die Porzellanindustrie dar, welche die Industrialisierung und wirtschaftliche Entwicklung der Nördlichen Oberpfalz maßgeblich beeinflusste. Dem „Weißen Gold" verdankte die Oberpfalz über Jahrzehnte hinweg ihre dominierende Position auf dem Weltmarkt für Porzellan. Und sicherlich hatte schon jeder einmal Hotelporzellan der noch heute produzierenden Firmen Seltmann oder Bauscher aus der nahe gelegenen Stadt Weiden in den Händen. Eine umfangreiche Ausstellung zur Oberpfälzer Porzellangeschichte findet sich im Internationalen Keramikmuseum in Weiden.

Die Bezeichnung „Kaolin" leitet sich vom Namen des chinesischen Dorfes Gaoling im Nordwesten der Provinz Jiangxi ab und bedeutet ins Deutsche übersetzt „weißer Hügel". Der

Herkunft des Namens „Kaolin"

Exkursionspunkte im Deckgebirge

Kaolinbergbau bei Hirschau

französische Jesuitenpater Xavier d'Entrecollées brachte es erstmals im 18. Jahrhundert nach Europa. Der neue Begriff ersetzte mit der Zeit die deutschen Begriffe „Weißton" und „Passauer Erde".

Unter Kaolin, auch als Porzellanerde, Porzellanton oder in Apotheken als Bolus albus bezeichnet, versteht man ein sehr feines, von Verunreinigung durch Eisen oder Mangan freies, weißes Tongestein, dessen Hauptbestandteil das Mineral Kaolinit ist. Weitere Bestandteile sind Feldspat, Quarz und wenig heller Glimmer.

Entstehung von Kaolin

Der Kaolinit ist chemisch betrachtet ein Aluminiumsilikathydrat. Er besteht aus mikroskopisch kleinen, sechseckigen Plättchen, die meist zu kompakten Massen verfestigt sind. Seine Entstehung verdankt er der chemischen Verwitterung von Alkalifeldspäten und feldspatreichen Ausgangsgesteinen wie zum Beispiel Granit oder auch deren vulkanischen Pendants, den Rhyolithen. Bevorzugt entsteht Kaolinit in warmen und niederschlagsreichen Klimazonen, wo Humin- und Karbonsäuren den pH-Wert unter 6 drücken, dem die chemische Verwitterungsbeständigkeit der Feldspäte nicht gewachsen ist. Den Prozess, bei dem sich Kaolinit bildet, nennt man Kaolinisierung.

> Neben seiner Bedeutung als Grundsubstanz für die Porzellanherstellung besitzt **Kaolin** ein weites Verwendungsspektrum und ist somit ein gefragter Rohstoff. Er findet auch in der Papierindustrie als Füllstoff und Aufheller sowie als Bestandteil medizinischer und kosmetischer Puder Verwendung. Da er das Reflexionsvermögen, die Deckkraft und die Oberflächenhärte von Farben und Lacken verbessert, bietet sich in der Farbenindustrie eine breite Palette von Einsatzmöglichkeiten. In der Kunststoffindustrie dient er als Füllstoff bei der Polyethylenherstellung und bei der Reifenproduktion als inerter Weichmacher.

Lagerstätten mit einer so guten Rohstoffqualität wie in Hirschau und Schnaittenbach sind auf der ganzen Welt sehr selten. Andernorts führen vor allem zu hohe Eisenanteile im Ausgangsgestein zur Verfärbung des Kaolins und machen ihn für vie-

Der Monte Kaolino und das Weiße Gold der Oberpfalz

le Anwendungen unbrauchbar. Solche Vorkommen werden aus diesem Grund möglichst vollständig abgebaut, da die Aufbereitung schlechterer Rohstoffqualitäten sehr aufwändig oder oft gar unmöglich ist.

Wie kam es aber zur Entstehung dieser Lagerstätten? Hier muss man in die Zeit des mittleren Buntsandsteins vor circa 220 Millionen Jahren zurückgehen, als sich das Germanische Becken von Norden her bis in den heutigen Raum von Hirschau und Schnaittenbach erstreckte. Im Süden und Osten wurde dieses große Becken vom Grundgebirge begrenzt, das überwiegend aus Gneisen und variszischen Graniten besteht. Aus diesen Hochgebieten transportierten Flüsse große Mengen an zersetztem Kristallingestein ab, die im Germanischen Becken abgelagert wurden. Während die Feldspäte durch mechanische und chemische Verwitterung zerstört wurden, gelangten die resistenteren Quarzkörner weit in das Beckeninnere und lagerten sich dort schließlich ab. Letztere liegen heute als sogenannter Burgsandstein vor. Dieser leicht bearbeitbare Werkstein war früher als Baumaterial sehr begehrt und prägt das Stadtbild vieler fränkischer Städte wie zum Beispiel das von Nürnberg.

Der Ort Hirschau wurde auf Kaolin errichtet

Die am Beckenrand in einem riesigen Delta abgelagerten, noch wesentlich feldspatreicheren Sande (Arkosen) bildeten das Ausgangsmaterial für die heutigen Kaolinlagerstätten von Hirschau und Schnaittenbach. Vermutlich schon während der Sedimentation im Buntsandstein begann der Prozess der Kaolinisierung, während dem einerseits der Kaolinit gebildet wurde und andererseits durch Auswaschung eisen- und manganhaltiger Verbindungen eine Bleichung des Verwitterungsmaterials stattfand.

Zum „Tag des Geotops" 2007 hat das Bayerische Landesamt für Umwelt die Kaolingruben von AKW-Kick mit dem Gütesiegel „Bayerns 100 schönste Geotope" ausgezeichnet und eine informative Schautafel aufgestellt.

Das Ruhrgebiet des Mittelalters: Eisenerzabbau in der Nördlichen Oberpfalz

In Nordbayern wurde über Jahrhunderte hinweg eine Vielzahl von Eisenerzlagerstätten unterschiedlicher Genese abgebaut. Die ersten Spuren des Eisenerzabbaus lassen sich bis in die La-Tène-Zeit (5. – 1. Jahrhundert vor Chr.) zurückverfolgen. In heute abbauwürdigen Dimensionen treten sie jedoch nur inselartig bei Sulzbach-Rosenberg, Amberg und Auerbach auf. Die dort früher in unzähligen kleinen Gruben abgebauten Eisenerznester begründeten den Ruf der Oberpfalz als das Ruhrgebiet des Mittelalters.

Entstehung der Lagerstätten

Doch welchen geologischen Hintergrund hat die Entstehung dieser Lagerstätten? Als sich am Ende des Weißen Jura (Malm) das Meer weit in Richtung Süden zurückzog, gerieten sowohl die nun an der Erdoberfläche liegenden Sedimentgesteine als auch die Gesteine des Grundgebirges im damals herrschenden tropischen bis subtropischen Klima unter den Einfluss einer intensiven chemischen Verwitterung, wie wir sie heute aus tropischen Gebieten kennen. Die chemische Verwitterung der Karbonatgesteine durch saure Wässer führte zur Verkarstung. Bedingt durch eine unterirdische Entwässerung entstanden Poljen, also wannen- oder kesselartige, durch Einbrüche entstandene Vertiefungen in der Landschaft mit steilen Wänden und flachen Böden, die Größen von mehreren Quadratkilometern erreichten.

Die Eisenerzgrube Leonie

Mit tektonischen Bewegungen im Bereich des Oberpfälzer Bruchschollenlandes kam es im Osten zur Anhebung des eisenreichen Braunen Juras (Dogger), der unter den Karbonatgesteinen des Malm liegt. Zirkulierende Wässer begannen nun das Eisen aus den Doggerschichten zu lösen. Und als die mit Eisen angereicherten Grundwässer nach Westen abflossen, trafen sie auf stark karbonathaltige Wässer, sodass es in den Poljen zur Ausfällung von Eisenschlämmen kam. Diese Erzhorizonte erreichen Mächtigkeiten von mehr als 60 m (GUDDEN, 1972) und bilden die Amberger Erzformation. Als Eisenerze wurden hier Siderit und Limonit gewonnen.

Das Ruhrgebiet des Mittelalters: Eisenerzabbau in der Nördlichen Oberpfalz

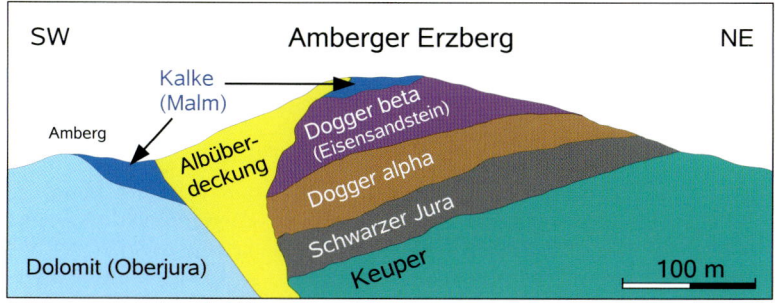

Die oberflächennahen Eisenerze des Dogger beta und untergeordnet der Albüberdeckung standen jahrhundertelang in Abbau und begründeten den Ruf der Region als Ruhrgebiet des Mittelalters. Modifiziert nach FICKENSCHER (1917).

In der Oberkreide, im oberen Cenoman, stieß das Meer von Süden her weit nach Norden vor und bildete eine über 20 Millionen Jahre lang bestehende Meeresbucht: den sogenannten Golf von Regensburg. Die darin abgelagerten Sedimente überdecken die Amberger Erzformation. Im Tertiär fielen die Schichten der Kreide jedoch wieder der Verwitterung anheim, sodass der Malm häufig wieder an der Oberfläche erschien, in dessen Hohlformen sich die Eisenerze angereichert hatten.

Die Bedeutung der hier geförderten Eisenerze war so groß, dass schon Kaiser Friedrich Barbarossa der Stadt Amberg im Jahr 1163 die Zollfreiheit für das gesamte Kaiserreich verlieh. Für die Orte Sulzbach und Rosenberg sind erste historisch gesicherte Hinweise auf den Eisenerzbergbau und die Verhüttung aus dem Jahr 1305 bekannt. Und im Raum Auerbach reicht der anhand von Aufzeichnungen in Salbüchern dokumentierte Abbau von Eisenerz bis in das 13. Jahrhundert zurück. Die damit verbundene Tradition der Eisenverarbeitung lässt sich historisch bis in das frühe 14. Jahrhundert zurückverfolgen.

Bergbaugeschichte

Diese Eisenerzvorkommen stellten die Grundlage für einen raschen wirtschaftlichen Aufstieg der ganzen Region dar. Die Bedeutung des abgebauten Erzes und der daran geknüpften Eisenverarbeitung lässt sich daran ermessen, dass Kaiser Karl IV im Jahr 1359 den Sulzbachern erlaubte, in ihrem gesamten Stadtgebiet Bergwerke zu eröffnen. Dies hatte die Entstehung unzähliger, meist von Kleinstunternehmern betriebenen Gruben zur Folge. In diesem Zusammenhang wurden circa 300 Hütten- und Hammerwerke gegründet. Die daraus erschmolzenen Eisenmengen müssen so bedeutend gewesen sein, dass weit mehr als der regionale Markt bedient wurde. Über die Vils hin zur Naab und dann weiter auf der Donau wurde Eisen bis zum Schwarzen Meer transportiert, aber auch das benachbarte Böhmen und der Mittelmeerraum zählten zu den Absatzmärkten.

Die Blütezeit des Eisenerzbergbaus

Die wirkliche Blüte kam aber erst mit dem Aufbau des Eisenbahnnetzes in Bayern im 19. Jahrhundert, für den gewaltige Eisenmengen für die Schienenproduktion erforderlich waren. Die Gründungen der Eisenwerk-Gesellschaft Maximilianshütte in Sulzbach-Rosenberg im Jahr 1853 und des staatlichen Berg- und Hüttenwerkes in Amberg (die spätere Luitpoldhütte Amberg) beschleunigten den Aufschwung der Oberpfälzer Eisenindustrie. Mit der Inbetriebnahme des ersten Kohlehochofens im Jahr 1864 in Sulzbach wuchs die Bedeutung dieses Industriezweiges in den folgenden Jahrzehnten beständig an.

Um die Hochöfen in Rosenberg auslasten zu können, erschloss man südlich von Auerbach im Jahr 1906 das Grubenfeld Nitzlbuch mit den Schächten Maffei I und II, wo bis 1978 ungefähr 16 Millionen Tonnen Erz gefördert wurden. Die Fördertürme der beiden Schachtanlagen wurden zu Wahrzeichen der Stadt Auerbach und sind Denkmäler des wirtschaftlich für die Region so bedeutenden Erzabbaus.

Industriedenkmal und Wahrzeichen von Auerbach: die Fördertürme der Schachtanlagen

Das Ruhrgebiet des Mittelalters: Eisenerzabbau in der Nördlichen Oberpfalz

Nach dem Zweiten Weltkrieg herrschte in Deutschland wegen des von den Alliierten verhängten Einfuhrverbotes ein genereller Eisenmangel, sodass die Oberpfälzer Lagerstätten von großer Bedeutung für die eigene Versorgung waren. Doch bereits in den 50er Jahren brachen die Abbaumengen dramatisch ein, da nun ausländisches Eisenerz billiger und in besserer Qualität zur Verfügung stand. Als die Vorkommen im Amberger Erzberg langsam zur Neige gingen und der dortige Bergbau schließlich im Jahr 1977 eingestellt wurde, konzentrierte sich die Gewinnung verstärkt auf die Reviere Sulzbach-Rosenberg und Auerbach.

Limonit-Eisenerz von Auerbach

Der Bergbau in der Nachkriegszeit

Von allen Eisenerzgruben dieses Reviers baute man bei Auerbach in der 200 m tiefen Grube Leonie am längsten Eisenerz ab; doch auch der letzte deutsche Eisenerzabbau wurde im Jahr 1987 endgültig eingestellt. Insgesamt wurden in den Jahren 1977 bis 1987 circa 5,2 Millionen Tonnen Erz abgebaut und 350 Personen waren dort beschäftigt. Diese Zahlen geben eine Vorstellung von der Bedeutung dieses Bergbaubetriebes.

Die Schachthalle und der Förderturm der „Leonie" sind noch heute von weitem zu sehen; die Grube selbst wurde verfüllt. Die ehemaligen Fördertürme und Teile der Schachtanlage werden heute als Bergbaumuseum Maffei-Schächte genutzt. Dort sind neben Maschinen aus der Grube Nitzlbuch und des benachbarten Anna-Schachtes auch eine Gewinnungsmaschine und ein Fahrschaufellader der Grube Leonie sowie bergmännische Ausrüstungsgegenstände ausgestellt. Mit der Gründung des Bergbaumuseums Auerbach-Pegnitz an der Bayerischen Eisenstraße im Jahr 1985 bemühte man sich vor Ort um den Erhalt dieses wichtigen Industriedenkmals der Oberpfalz.

Bergbaumuseum

Auf dem 60 Hektar großen Gelände zeugen viele wassergefüllte Einsturztrichter vom ehemaligen Bergbau. Dieses Areal wurde auf einer Fläche von insgesamt 87 Hektar als Naturschutzgebiet „Grubenfelder Leonie" ausgewiesen und bietet vielen seltenen Tier- und Pflanzenarten eine Heimat.

Vielleicht hat man als Besucher auch das Glück, einige der im Jahr 2001 vom Besitzer des Areals, dem Landesbund für Vogelschutz e.V., ausgesetzten Heckrinder zu sehen. Es handelt sich dabei um eine Rückzüchtung der im 17. Jahrhundert ausgestorbenen Auerochsen, denen die Stadt Auerbach ihren Namen verdankt.

Wie tief der Bergbau bei der Bevölkerung verwurzelt ist, zeigt sich im kulturellen Leben der Stadt Auerbach. Bei kirchlichen und weltlichen Festtagen sieht man häufig die Bergknappenkapelle und den Bergknappenverein in traditionellen Bergmannsuniformen durch die Straßen ziehen. Den Höhepunkt stellt dabei das alljährliche Fest der Heiligen Barbara, der Schutzheiligen der Bergleute, am 4. Dezember dar.

Auf dem „Erzweg" das Ruhrgebiet des Mittelalters erkunden

Der Wanderfreund kann auf dem „Erzweg", einem Qualitätswanderweg des Deutschen Wanderverbandes, der von Pegnitz in Oberfranken bis nach Sulzbach-Rosenberg führt, auf landschaftlich reizvollen Wegen mit vielen schönen Aussichtspunkten das „Ruhrgebiet des Mittelalters" erkunden.

Als Abrundung einer Exkursion in das Eisenerzrevier der Oberpfalz lohnt sich ein Besuch im idyllisch gelegenen Hammerherrenschloss Theuern bei Amberg, wo das Bergbau- und Industriemuseum mit einer sehenswerten Ausstellung über den Bergbau sowie die Mineralogie und Geologie Nordostbayerns zu sehen ist.

Bergbau- und Industriemuseum

Explosive Zeiten: Tertiärer Vulkanismus in der Nördlichen Oberpfalz

Zu den spektakulärsten und für den Betrachter augenfälligsten geologischen Erscheinungen der Nördlichen Oberpfalz gehören sicherlich die zahlreichen Zeugen vulkanischer Aktivitäten im Tertiär. Einige dieser seit langem erloschenen Vulkane haben es zu großer geologischer und wissenschaftsgeschichtlicher Bedeutung gebracht, andere blieben über Jahrhunderte unbemerkt wie das Bayerhof-Maar bei Thumsenreuth im Landkreis Tirschenreuth. In unmittelbarem Zusammenhang mit dem Vulkanismus stehen aber auch unscheinbare Sauerbrunnen wie der im Waldnaabtal oder die Heilquellen von Sibyllenbad bei Waldsassen sowie die Mineral- und Heilquelle bei Kondrau und Wiesau im Landkreis Tirschenreuth.

Explosive Zeiten: Tertiärer Vulkanismus in der Nördlichen Oberpfalz

Basaltkegel prägen das Kemnather Land

All diesen vulkanischen Erscheinungen ist eines gemeinsam: Sie sind an den Egergraben gebunden, der sich auf einer Länge von mehr als 200 km und einer Breite von teilweise mehr als 20 km von der Oberpfalz über Oberfranken bis weit nach Tschechien hinein erstreckt. Der Egergraben ist neben dem Rheintalgraben das größte tertiäre Bruchsystem nördlich der Alpen. Die Anlage dieses Rifts, wie der Geologe solch große Brüche nennt, ist jedoch viel älter und in den metamorphen Gesteinen des Paläozoikums zu suchen. Er zeichnet eine uralte geologische Struktur der Erdkruste nach: die Grenze zwischen den paläozoischen Einheiten von Saxothuringikum und Moldanubikum.

Durch die Drift der afrikanischen Platte von Süden nach Norden, der die Alpen ihre Entstehung verdanken, kam es im Alttertiär seit dem höheren Obereozän zu einer starken Einengung des nordostbayerischen Grundgebirges. Da die starren kristallinen Gesteine des Alten Gebirges auf diesen Druck nicht mehr mit Faltung reagieren konnten, wie es Sedimentgesteine getan hätten, führte diese Krustenaufwölbung nordöstlich der Fränkischen Linie zum Einbruch eines zentralen Grabens. Und dies wiederum war mit einem heftigen Basaltvulkanismus entlang der neu entstandenen Spalten verbunden.

Ursachen für den Oberpfälzer Vulkanismus

Exkursionspunkte im Deckgebirge

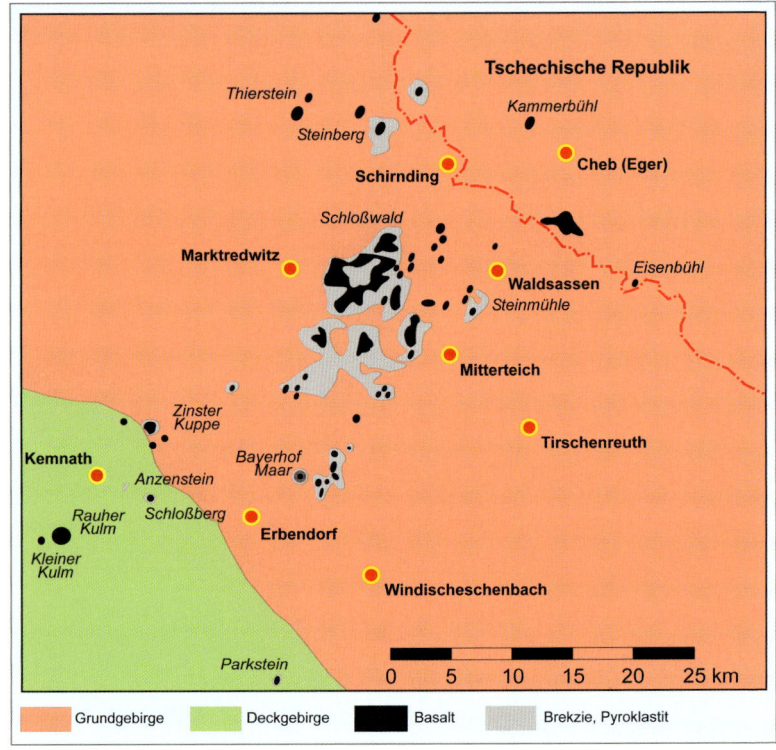

Der tertiäre Vulkanismus in der Nördlichen Oberpfalz mit seinen Deckenergüssen und Vulkanruinen folgt dem Egergraben-Bruch bzw. dessen Richtung und findet sein südwestliches Ende im Hohen Parkstein. Nach ROHRMÜLLER (2005).

Junge Zeugnisse der vulkanischen Aktivität

Die Vulkane im Egergraben spucken heute kein Feuer mehr, doch noch immer erschüttern tektonisch bedingte, aber kaum spürbare Erdbeben, sogenannte Schwarmbeben, das Egerer Becken, das Vogtland, das Fichtelgebirge und die Nördliche Oberpfalz. In engem Zusammenhang mit dem Vulkanismus stehen die weltberühmten Thermal- und Mineralquellen des böhmischen Bäderdreiecks, die ihre Fortsetzung auf Oberpfälzer Gebiet finden. Auch wenn die vor ungefähr 29 Millionen Jahren beginnende vulkanische Tätigkeit ihren Höhepunkt vor 20 bis 24 Millionen Jahren hatte, so flammte sie dennoch auch in jüngster erdgeschichtlicher Zeit immer wieder auf, wie die weniger als 100.000 Jahre alten Vulkane Eisenbühl und Kammerbühl auf tschechischem Gebiet deutlich belegen.

Explosive Zeiten: Tertiärer Vulkanismus in der Nördlichen Oberpfalz

Große Gelehrte wie die Altmeister der bayerischen Geologie Mathias Flurl und Carl Wilhelm von Gümbel, aber auch der große Naturforscher Alexander von Humboldt und der Dichterfürst Johann Wolfgang von Goethe haben sich mit dem Vulkanismus des Egergrabens beschäftigt. Und selbst heute haben diese Vulkane ihre letzten Geheimnisse noch lange nicht preisgegeben. Die gute Erreichbarkeit, die oft spektakulären Aufschlussverhältnisse und nicht zuletzt die grandiose Aussicht von ihren Gipfeln ziehen nach wie vor Forscher und Naturliebhaber in ihren Bann.

Berühmte Persönlichkeiten beschäftigten sich mit dem Oberpfälzer Vulkanismus

Der Basalt zeigt wegen der raschen Abkühlung des Magmas nur ein geringes Korngrößenwachstum der am Gesteinsaufbau beteiligten Mineralien. Er wirkt daher auf den ersten Blick sehr homogen. „Basalt" ist jedoch ein Oberbegriff, der von Geologen noch feiner unterteilt wird. An den Mittelozeanischen Rücken, wo die Erdkruste wegen des Auseinanderdriftens der Kontinentalplatten zerreisst, ist wie in Island aktiver Vulkanismus zu beobachten. Während dort tholeiitische Basalte mit einem SiO_2-Gehalt von ungefähr 50 % vorherrschen, sind die Basalte des Egergrabens mit einem SiO_2-Gehalt von 42 % Alkalibasalte. Letztere haben eine dunkelgraue bis schwarze Farbe, die manchmal einen bläulichen Farbton zeigt.

Aussehen und Zusammensetzung des Basalts

An einigen Vulkanen der Nördlichen Oberpfalz wie dem Parkstein oder dem Teichelberg bei Pechbrunn südlich von Marktredwitz ist ein typisches Merkmal der Basalte zu erkennen: die Säulenbildung. Bei diesen charakteristischen mehrseitigen Säulen, die eine Länge von mehreren Metern erreichen können, handelt es sich nicht, wie man auf den ersten Blick vermuten könnte, um Kristalle, sondern um eine durch Schrumpfungsrisse infolge der Abkühlung entstandene Form. Die Querschnittsflächen der Säulen stehen dabei senkrecht zu den Abkühlungsflächen.

Basaltsäulen

Um den Vulkanismus in Nordostbayern zu verstehen, muss man sich der Verhältnisse im oberen Erdmantel, dem Herkunftsgebiet des Magmas, bewusst werden. Es entsteht in einer Tiefe von circa 80 bis 250 km. In geologischen Aufwölbungen der Erdkruste können Mantelgesteine

Ein Mitbringsel aus großer Tiefe: Olivin als Fremdgesteinseinschluss im Basalt

Entstehung der magmatischen Schmelzen

aufgrund der damit verbundenen Druckentlastung ihren Schmelzpunkt erreichen. Da es sich bei dem Mantelgestein um ein Gemisch aus vielen verschiedenen Mineralien handelt, besitzt es keinen einheitlichen Schmelzpunkt. Dies wiederum hat zur Folge, dass einige chemische Verbindungen bevorzugt in die Schmelze wandern, während andere in den Mantelgesteinen verbleiben. Es entstehen so im oberen Erdmantel partielle Schmelzen, die einen basaltischen Charakter haben, während andererseits um eben diese Elemente verarmte Mantelgesteine zurückbleiben. Eine Besonderheit dieses basaltischen Magmas besteht darin, dass es im Gegensatz zu den vorherrschenden Gesteinen des Erdmantels deutlich leichter ist. Nun gibt es zwei Möglichkeiten für das aufsteigende Magma: entweder lagert es sich an der Unterseite der Erdkruste an oder es steigt entlang von Störungszonen weiter auf, sodass es letztendlich zu Vulkanausbrüchen kommen kann.

Der schönste Basaltkegel Europas: Der Hohe Parkstein

Wanderer und Naturliebhaber schätzen den Hohen Parkstein mit seinen imposanten Basaltsäulen als lohnendes Ausflugsziel im Oberpfälzer Wald und historisch interessierte Besucher als einen der geschichtsträchtigsten Orte dieser Region. Von seinem Gipfel bietet sich dem Besucher ein herrlicher Blick über den Oberpfälzer Wald, das Oberpfälzer Bruchschollenland bis hin zum Fichtelgebirge und die Kuppenlandschaft der Fränkischen Alb.

Der Parkstein erhebt sich majestätisch über den Mantler Wald

Explosive Zeiten: Tertiärer Vulkanismus in der Nördlichen Oberpfalz

Die Basaltwand am Hohen Parkstein

Für Geowissenschaftler ist er nach wie vor ein Musterbeispiel für den tertiären Vulkanismus in der Nördlichen Oberpfalz. So ist es auch nicht verwunderlich, dass über ihn reichlich Fachliteratur vorhanden ist, in der ein buntes Spektrum von Spekulationen und Theorien über seine Genese zu finden ist. Zahlreiche große Gelehrte haben am Parkstein geforscht und ihre Beobachtungen gemacht, die nicht nur für das Verständnis der Geologie der Oberpfalz wichtig waren.

Der Hohe Parkstein spielte lange Zeit eine bedeutende Rolle in der Wissenschaftsgeschichte, die nicht nur eine geowissenschaftliche, sondern auch eine geisteswissenschaftliche, ja theologische Komponente besitzt. An ihm lässt sich exemplarisch verfolgen, wie die Frage nach seiner Entstehung auch ein wenig die Suche nach der Antwort auf die Frage nach der Entstehung der Welt widerspiegelt.

In seiner „Beschreibung der Gebirge von Baiern und der oberen Pfalz" aus dem Jahr 1792 bedauerte Mathias von Flurl schon damals die Zerstörung „jener prächtigen Felsengruppe, die dem Auge des Naturforschers ein wunderbar bezauberndes Bild darstellt", durch die Gewinnung des Basalts in einem Steinbruch. Er bezeichnet die heute als Pyroklastika angesehene Gesteinsart „in dem nun ganz offenen kleinen Keller" und dort, „wo der alte Fahrweg ins Schloß führte", als „basaltische Wacke". Diese im Laufe der Zeit verschütteten Keller wurden vom Markt Parkstein vor einigen Jahren wieder freigelegt und sind dem Besucher nun kostenlos zugänglich. So kann man sich quasi auf den Spuren Flurls auf den Weg in das Innere des Vulkans machen und sich die von ihm beschriebenen Fremdgesteinseinschlüsse im Original ansehen.

Er deutete die zahlreichen Xenolithe (Fremdgesteinseinschlüsse) als verhärtete Tone, Quarz, Gneis und Glimmerschiefergeschiebe. Den „teilweise lavendelblauen Porzellanjaspis", der auch heute noch gut in der Basaltbrekzie an der

Am Hohen Parkstein wurde Wissenschaftsgeschichte geschrieben

Der Felsenkeller bietet einen Weg in das Innere des Vulkans

Frühe Deutungen zur Genese der Xenolithe

Exkursionspunkte im Deckgebirge

Basaltjaspis als Xenolith in der Schlotbrekzie des Parksteins

Basaltwand sichtbar ist, führte Flurl wissenschaftlich korrekt auf umgewandelte Tongesteine zurück.

So detailliert seine Beobachtungen auch waren, seine Folgerungen und Aussagen zur Entstehung des Parksteins aus dem Wasser erwiesen sich schon wenige Jahre später als unhaltbar. Was er für den Anzenberg bei Kemnath als richtig annahm, musste für ihn auch auf den Parkstein zutreffen: „Der Anzenberg bei Kemnath überführte uns vielmehr deutlich, dass der Basalt aus dem Wasser abgesetzt sein müsse; und hier endlich auf dem Parksteine ließ es sich schwerlich erklären, wie in der basaltischen Wacke sogar größere Geschiebe von weiter entfernten Gebirgsarten eingemengt sein könnten." Flurl deutete also die Xenolithe im Basalt nicht als Mitbringsel des vom oberen Erdmantel aufsteigenden Basaltes, sondern fälschlicherweise als Gerölle, die durch Flüsse in den untermeerisch abgelagerten Basalt eingetragen wurden.

> Mit der jungen Wissenschaft der Geologie entbrannte in der Zeit von 1780 bis 1799 eine bedeutende akademische Auseinandersetzung um die richtige **Theorie zur Weltentstehung**, die auch in Goethes Faust II ihren Niederschlag fand. Im „Basaltstreit" vertraten Neptunisten wie Flurl und Goethe die Anschauung, dass die Erde und alle ihre Gesteine, insbesondere aber der Basalt, aus dem Meer als Sedimentgestein gebildet worden seien.
>
> Die Plutonisten hingegen bestanden darauf, dass alle Mineralien und Gesteine einen vulkanischen Ursprung hätten, auch der Basalt. Die auch als Vulkanisten bezeichneten Plutonisten vertraten somit eine revolutionär neue Theorie. Vordergründig wissenschaftlich geführt, war der Basaltstreit eigentlich eine Grundsatzdiskussion über die biblische Genesis. Die von Flurl beobachteten und als Geschiebe gedeuteten Pyroklastika ließen den Parkstein zu einem Standpfeiler der neptunistischen Argumentation werden. Und damit rückte der Parkstein in den Fokus der Wissenschaft.
>
> Die kulturgeschichtliche Relevanz dieses Streites zwischen Neptunisten und Plutonisten kann gar nicht hoch genug eingeschätzt werden, stellte die plutonistische Deutung doch die Schöpfungsgeschichte der Bibel in Frage.

Humboldt beweist die nicht-marine Entstehung der Basalte

Kein Geringerer als Alexander von Humboldt war es, der mit seiner Veröffentlichung „Mineralogische Beobachtungen über einige Basalte am Rhein" im Jahr 1790 und im Jahr 1799 mit seinen Berichten zur Besteigung des Pico Teide auf Teneriffa den Beweis für die nicht-marine Entstehung der Basalte erbringen konnte.

Explosive Zeiten: Tertiärer Vulkanismus in der Nördlichen Oberpfalz

Alexander von Humboldt, der von 1793 bis Ende 1796 den Dienst des Oberbergmeisters in Oberfranken versah, bereiste zusammen mit dem Bergmeister Friedrich Killinger und dem Münzmeister Christian Friedrich Gödeking im November 1796 acht Tage lang die Oberpfalz und das Fichtelgebirge. Ob der in Parkstein gerne zitierte Ausspruch vom „schönsten Basaltkegel Europas" tatsächlich von Humboldt stammt, ist jedoch umstritten.

Xenolith im Felsenkeller in Parkstein

Sehr viel präziser wird der Altmeister der bayerischen Geologie, C. W. von Gümbel, in seiner „Geognostischen Beschreibung des Königreichs Bayern" (GÜMBEL, 1868), wo er im Kapitel „Basalt und seine Tuffe" von „echten Tuffen" schreibt und die Konglomerate und Brekzien in eine „Verbindung zwischen den basaltischen Tuffmassen mit offenbar jüngeren Sedimentbildungen" bringt, in denen er Pflanzenreste fand, welche er dem Tertiär zuordnete. In diesem Zusammenhang weist Gümbel auch auf Einschlüsse von Pflanzenteilen im Basalttuff von Bayerhof bei Thumsenreuth hin, ohne freilich eine Erklärung dafür geben zu können.

C. W. von Gümbel lüftet das Rätsel um die Xenolithe

Wie nahe Gümbel schon an des Rätsels Lösung war, wird klar, wenn man die Ergebnisse neuerer Forschungen betrachtet. Für Bayerhof bewiesen und auch für den Parkstein naheliegend ist heute eine phreatomagmatische, also eine durch Grundwasser-Lava-Kontakt ausgelöste Explosion. Im so entstandenen Explosionstrichter lagerten sich tertiäre Seesedimente mit Pflanzenresten ab. Diese wurden im Maar von Bayerhof erbohrt, untersucht und datiert.

Konglomerat, Brekzie: durch ein Bindemittel verfestigte rundliche bzw. eckige Gesteinsbruchstücke

Tuff: sekundär verfestigtes, vulkanisches Lockermaterial

C. W. von Gümbel widmete sich auch dem Porzellan- oder Basaltjaspis und stellte chemische Analysen des Keuperletten von Pressath denen des Parksteiner Porzellanjaspis gegenüber. Dabei folgerte er aufgrund der geringen chemischen Unterschiede die Abstammung des Porzellanjaspis vom Keuperletten.

War der Parkstein nun ein echter Vulkan? In heimatkundlicher Literatur und mehr noch im Schulwissen der Region findet man meist die Annahme, der Parkstein sei nie zum Ausbruch gekommen, sondern vielmehr im Umgebungsgestein „steckengeblieben". Die Mehrzahl der wissenschaftlichen Veröffentlichungen in der zweiten Hälfte des 20. Jahrhunderts deu-

Exkursionspunkte im Deckgebirge

Basaltsäulen in der Steilwand am Parkstein

Das Alter der Oberpfälzer Vulkanite

Die Entstehung des Hohen Parksteins aus heutiger Sicht

Basaltsäulen bilden zumeist 5- oder 6-eckige Polygone

tet den Parkstein jedoch richtig als einen im Tertiär aktiven echten Vulkan mit Ausbruchstätigkeit.

Das Alter der Oberpfälzer Vulkanite gab lange Zeit Anlass zu Spekulationen. Klarheit brachten erst die Altersuntersuchungen von Todt und Lippolt im Jahre 1975. Mit rund 24 Millionen Jahren gehört der Parkstein ins unterste Miozän und ist damit geringfügig älter als seine Brüder Kuschberg (23 Mio. Jahre), Rauher Kulm, Waldecker Schloßberg und Teichelberg (21 Mio. Jahre). Das Alter des Parksteins ist somit fast identisch mit dem des Bayerhof-Maars, das von ROHRMÜLLER & HORN (2003) auf knapp 24 Mio. Jahre datiert wurde.

Heute stellt man sich die Entstehung des Hohen Parksteins folgendermaßen vor: An der Fränkischen Linie, welche die paläozoischen Gesteine des Grundgebirges im Nordosten von den mesozoischen Sedimentgesteinen im Südwesten trennt, wurde das Grundgebirge immer wieder emporgehoben und auf das Deckgebirge aufgeschoben. Durch die so entstandenen Höhenunterschiede konnten die Kräfte der Erosion ansetzen und das Verwitterungsmaterial des Grundgebirges wurde durch Flüsse in den südwestlich gelegenen Becken abgelagert. In der Kreidezeit und wohl auch noch im frühen Tertiär kam es zur Ablagerung mächtiger Schwemmfächer aus Kiesen und Sanden, aber auch Tonen im Vorland.

In diesem geologischen Umfeld stieg vor 24 Millionen Jahren entlang einer Bruchzone basaltisches Magma auf und durchschlug dabei die grundwasserreichen Kreidesedimente, was zu heftigen phreatomagmatischen Eruptionen führte. Diese waren so heftig, dass sowohl das Magma als auch die kreidezeitlichen Gesteine im Umfeld des Schlotes fragmentiert und auch ausgeworfen wurden. Diese Eruptionen führten zur Bildung eines kegelförmigen Sprengtrichters, in den von den Rändern her Tuffe, Basaltbrocken und auch kreidezeitliche Sedimentgesteine stürzten. Diese Basaltbrekzie ist heute in den Kellern von Parkstein aufgeschlossen. Ein Großteil dieses Vulkanstockwerkes und der umgebenden kreidezeitlichen Gesteine sind bereits abgetragen, sodass nur der verwitterungsresistente Basalt des Schlotes durch die Erosion als Härtling herauspräpariert wurde.

Doch wäre der Parkstein Anfang des 20. Jahrhunderts fast dem Gesteinsabbau zum Opfer gefallen. Seine Rettung war schließlich, dass der Parksteiner Basalt teilweise ein „Sonnenbrenner" ist, also unter Einwirkung der Witterung rasch zerfällt, was ihn für Bauzwecke wertlos macht.

Wegen seiner landschaftlichen Schönheit und der dort vorkommenden seltenen Pflanzen wurde der Basaltkegel schon im Jahr 1937 unter Naturschutz gestellt. Die hervorragenden Aufschlussverhältnisse und seine Bedeutung für die geologische Forschung waren Gründe für die Auszeichnung des Hohen Parksteins als eines der 100 schönsten Geotope Bayerns und eines der 77 bedeutendsten Geotope in Deutschland (FÜSSL & WEBER, 2006).

Der große Bruder des Parksteins: Der Rauhe Kulm

Der Rauhe Kulm bei Neustadt a. Kulm nahe der Stadt Kemnath im Landkreis Tirschenreuth ist mit 682,5 m ü. NN ein weiterer imposanter und weithin sichtbarer tertiärer Vulkanschlot. Im Gegensatz zum Parkstein wurde er durch Gesteinsabbau nicht beeinträchtigt, sodass er noch unversehrt das mesozoische Vorland um circa 170 m überragt. Ein am Südhang liegendes, periglaziales Blockmeer und der nahe gelegene Kleine Kulm runden diesen Geotopkomplex ab. Ähnlich wie der Parkstein wurde hier durch die Kräfte der Erosion der ehemalige Förderschlot herauspräpariert. Der Rauhe Kulm ist wie alle Oberpfälzer Vulkane an den Egergraben gebunden. Mit einem Alter von ungefähr 21 Millionen Jahren zählt er zu den jüngsten Vulkanen der Nördlichen Oberpfalz.

periglazial: das Umfeld von Gletschern betreffend

Das entlang einer Förderspalte emporsteigende basaltische Magma traf auch hier auf einen Grundwasserhorizont und es kam zu explosiven Eruptionen. Die umgebenden, morphologisch weicheren Gesteinsschichten des Mesozoikums hielten der Erosion wesentlich schlechter stand als der Basalt, und so erscheint diese Kuppe heute aus der Ferne wie ein Stratovulkan, der durch viele Eruptionen schichtweise wuchs. Dies ist

Exkursionspunkte im Deckgebirge

Der Rauhe Kulm

allerdings nur eine Laune der Natur, denn mit einem über lange Zeit gewachsenen Stratovulkan, auf dessen Gipfel sich der Krater befindet, hat der Rauhe Kulm nichts zu tun.

Der Nephelinbasalt enthält eine Reihe von Einschlüssen, sozusagen Mitbringsel aus der Tiefe. Einerseits sind das Olivin

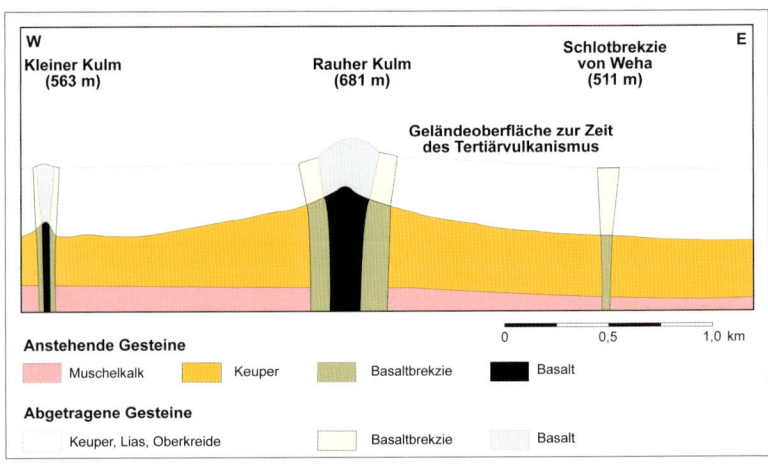

Schematischer Schnitt durch den Rauhen Kulm. Die heute freiliegenden Basalte sind als Schlotfüllung zu betrachten und wurden durch die Erosion als Härtling aus dem umgebenden Gestein herauspräpariert.

Explosive Zeiten: Tertiärer Vulkanismus in der Nördlichen Oberpfalz

und Augit aus dem oberen Erdmantel, andererseits in der Basaltbrekzie eingelagerter Keupersandstein. Die häufigen Olivineinlagerungen verwittern unter atmosphärischen Bedingungen so leicht, dass cm-große „Löcher" im Basalt entstanden.

Einschlüsse von Gesteinen aus dem Erdmantel

Früher konnte man am Rauhen Kulm einen scharfen Kontakt vom Basalt zum umgebenden Sandstein gut sehen. Heute ist dieser Bereich verwachsen, doch kann der aufmerksame Beobachter diesen immer noch aufgrund der wechselnden Vegetation erahnen, da der Basalt einen nährstoffreichen, fruchtbaren Boden bildet, wie er auf dem nährstoffarmen Sandstein niemals entstehen würde. Das Blockmeer an der Süd- und Ostflanke des Berges ist während der letzten Eiszeit durch Frostverwitterung entstanden.

Die Vegetation zeigt Gesteinswechsel an

> Der Universalhistoriker **Professor Georg Horn** schreibt im Jahr 1667 in seinem Werk „Orbis Politicus" über den Rauhen Kulm: „Im Mittelpunkt Deutschlands steht er, alle Berge weit und breit überragend, gewissermaßen ein Weltwunder", und weiter zum Kleinen und Rauhen Kulm: „...(die) nur in Arabien, im Sinai und Horeb ihresgleichen finden...". Nüchtern betrachtet, fragt man sich natürlich, wie er zu dieser doch stark übertriebenen Beschreibung kommt und warum er ihn gar als Weltwunder bezeichnet. Vermutlich liegt der Grund ganz einfach darin, dass der im holländischen Leiden lehrende Georg Horn im nahen Kemnath geboren wurde und aus seinem Herzen wohl ganz einfach das Heimweh nach der fernen Oberpfalz spricht.

Am Fuße des Berges befinden sich zahlreiche Felsenkeller, die teilweise über 200 Jahre alt sind. Hier machten sich die Bewohner den weichen Sandstein zunutze und gruben für ihre Vorratshaltung Keller ins Gestein.

Felsenkeller am Fuße des Berges

Als Naturdenkmal steht der Rauhe Kulm seit 1949 unter Schutz und gehört mit seinem Aussichtsturm zu einem der schönsten Ausblickspunkte der Nördlichen Oberpfalz. Im Bereich des Blockmeers haben sich zahlreiche, anderswo selten gewordene Tier- und Pflanzenarten angesiedelt, wie etwa einige Relikttiere und -pflanzen aus der letzten Eiszeit, die hier wegen des rauen Klimas die Zeit überdauert haben und deshalb besonders schützenswert sind. Dazu gehören Alpenspitzmaus (*Sorex alpinus*) und Wolfspinne (*Acantholycosa norvegica-sudetica*) sowie Alpen-Widertonmoos (*Polytrichum alpinum*) und der Nordische Streifenfarn (*Asplenium septentrionale*).

Aussichtsturm

Im Gegensatz zum weitgehend bewaldeten Rauhen Kulm kann man am Kleinen Kulm den Brekzienmantel noch gut erkennen. Leider liegt der 566 m hohe Berg heute nicht mehr in seiner ursprünglichen Form vor, denn dort wurde früher der

Der Kleine Kulm

Exkursionspunkte im Deckgebirge

Basalt abgebaut und die für Bauzwecke ungeeignete Basaltbrekzie stehen gelassen. Am Kleinen Kulm, der im Volksmund auch „Schlechter Kulm" genannt wird, findet man in der Basaltbrekzie immer wieder kleine Augitkristalle, wie sie auch am benachbarten Anzenberg anzutreffen sind. Für die Gesteine des Kleinen Kulms wurde ein Alter von 22 Millionen Jahren ermittelt.

Xenolith im Grenzbereich zwischen Basalt und Schlotbrekzie am Kleinen Kulm

Das Bayerische Landesamt für Umwelt führt das Geotop unter Nr. 374R001.

Der Anzenberg bei Kemnath / Waldeck

Der Anzenberg ist sicherlich ein spektakulärer Abschluss (oder auch Beginn) einer Tour durch die Basalte der Kemnather Vulkanlandschaft. Von seinem Gipfel bietet sich ein traumhafter Blick auf die benachbarten Vulkane, das Bayreuther Land und das nahe Fichtelgebirge.

Der Anzenberg liegt an der B 22 nahe Schönreuth circa 3 km östlich von Kemnath im Landkreis Tirschenreuth und lässt sich einfach erreichen. Für den Aufstieg wählt man den steilen Fußweg, der an der Nepomuk-Kapelle an der B 22 beginnt, wobei man den Gipfel nach einem 15-minütigen Aufstieg erreicht.

Augitkristall vom Anzenstein

Der Anzenstein genannte Gipfel mit einer Höhe von 593 m ü. NN besteht nicht aus dem homogenen Basalt, sondern aus Basaltbrekzie. Daher nimmt er eine Sonderstellung ein. Im Gegensatz zum Rauhen Kulm und Parkstein dürfte der Anzenberg durch ein einziges phreatomagmatisches Ereignis entstanden sein. Bemerkenswert ist an ihm, dass die ansonsten für Verwitterung recht anfällige Basaltbrekzie hier erhalten geblieben ist und sich am Anzenstein gut studieren lässt. Diese Erhaltung haben wir der Tatsache zu verdanken, dass dieses an sich morphologisch weiche Gestein im Vergleich zum umgebenden, noch weiche-

Explosive Zeiten: Tertiärer Vulkanismus in der Nördlichen Oberpfalz

Der Anzenstein am Anzenberg

ren Sandstein gegenüber den Kräften der Verwitterung resistenter ist.

Die dunkle Brekzie enthält eine Vielzahl von Einschlüssen. Schon auf den ersten Blick fallen die bis zu einem halben Meter großen Basaltfetzen auf, die von einem Kontakt des glutflüssigen Magmas mit dem Grundwasser zeugen. Dieser Kontakt führte zu einer heftigen, phreatomagmatischen Eruption, die den Basalt und das Nebengestein (meist heller kreidezeitlicher Sandstein) fragmentierte und mit basaltischem Material vermischte.

Basaltfetzen zeugen von einem Kontakt des Magmas mit Grundwasser

In den Basaltfetzen selbst findet sich viel Olivin, der jedoch nur in kleineren Butzen auftritt und nie die Größe der Olivineinschlüsse wie im nahen Basaltsteinbruch von Zinst erreicht.

Einschlüsse von Olivin und Augit

An manchen Stellen ist die Basaltbrekzie regelrecht mit bis zentimetergroßen, schwarz glänzenden Augitkristallen durchsetzt, an anderen Stellen sind die Augite eher rundlich und weisen im Bruch einen helleren Saum auf.

Das Bayerische Landesamt für Umwelt führt den als Naturdenkmal geschützten „Härtling Anzenberg" unter Nr. 377R005 als Geotop.

Hier würden Flurl und Gümbel staunen: Die Kontinentale Tiefbohrung

Bodenschätze zogen die Menschen schon früh in die Urwälder der rauen Oberpfalz. Doch war das unsystematische Suchen und Waschen in den Bächen aufwändig, zeitintensiv und oft nur wenig erfolgreich. Es lag also nahe, die Gesetzmäßigkeiten des Vorkommens nutzbarer Erze und Mineralien zu ergründen, um das Aufsuchen von Lagerstätten zu erleichtern.

Doch erst in der Neuzeit begann eine naturwissenschaftliche Erfassung und Interpretation der Umfeldgeologie die eher erfahrungsbedingte Suche abzulösen. Wirkliche Fortschritte stellten sich in Bayern erst ein, als im 18. Jahrhundert geologische Fragestellungen die Gelehrtenwelt in ganz Europa bewegten und man sich der geologischen Unwissenheit bewusst wurde. So schrieb Mathias Bartholomäus Ritter von Flurl (1756 – 1823) auf einer Studienreise in den sächsischen Bergbauort Freiberg an seinen Freund Graf von Haimhausen folgende Zeilen: „Sie wissen, Freund, welch ein Liebhaber ich von Mineralien bin ... Fast alle Länder haben nun mineralogische Beschreibungen und wir noch kaum einen Schatten! Freund, wie gerne würde ich das Vaterland durchreisen, alles aufsuchen, was merkwürdig wäre ...".

Erste systematische Bearbeitungen

Diese Idee realisierte er und stellte im Jahr 1792 seine „Beschreibung der Gebirge von Baiern und der oberen Pfalz" fertig, welche die erste fundierte geologische Karte Bayerns enthielt. Damit wurde er zum Begründer der bayerischen Geologie.

Mit seiner „Geognostischen Beschreibung des ostbayerischen Grenzgebirges" lieferte Carl Wilhelm von Gümbel im Jahr 1868 schließlich die erste als wissenschaftlich zu bezeichnende geologische Bearbeitung Bayerns. Sie bildete die Grundlage zur weiteren Erforschung Ostbayerns und die Basis für die Aufsuchung neuer Rohstoffvorkommen. Doch mit der gewonnenen Fülle an Kenntnissen stieg auch die Zahl der unbeantworteten Fragen.

Alfred Wegener und die Theorie der Kontinentaldrift

Alfred Wegener (1880 – 1930) setzte im ersten Viertel des 20. Jahrhunderts mit seiner Theorie der Kontinentalverschiebung einen entscheidenden Meilenstein in der Geschichte der Geowissenschaften. Dabei wies er auf die Unzulänglichkeiten des bis dahin „fixistischen" Modells hin, bei dem von einer unveränderlichen Lage der Kontinente zueinander ausgegangen wurde. Die kurz zuvor entdeckte Radioaktivität integrierte Wegener in sein Modell und erkannte, dass die bis dahin angenommene fortschreitende Abkühlung des Planeten Erde so nicht stimmen konnte, da schon ein sehr geringer Anteil radioaktiver Mineralien im Erdinneren einen völlig anderen Wärmehaushalt bedingen würde, als bis dahin angenommen wurde. Damit wurde das Modell der Gebirgs- und Deckenbildung durch Schrumpfungsprozesse infolge einer fortschreitenden Erkaltung der Erde in sich unschlüssig.

Nachdem Wegener zunächst Zentrifugalkräfte infolge der Erdrotation sowie Gezeitenkräfte als treibende Kraft annahm, kam er später zu dem Schluss, dass die bei dem Zerfall radioaktiver Elemente entstehende Wärme thermische Strömungen in der Erde und diese wiederum eine Drift der Kontinente verursachen könnten.

Wegener vermutete auch schon die Existenz eines riesigen Urkontinents „Pangaea", der zerbrach und dessen Bruchstücke auseinanderdrifteten. Junge Faltengebirge wie die Alpen interpretierte er als zusammen- und übereinandergeschobene Gesteinspakete, die an der Front driftender Kontinente lagen.

Neue Ideen setzen sich oft nur langsam durch

Schlagartig wurden mit dieser neuen Theorie bis dahin verwirrende und widersprüchliche Beobachtungen erklärbar. Sie erklärte, warum Vergletscherungsspuren der permokarbonen Eiszeit auf allen südlichen Kontinenten zu beobachten sind, während sich auf der nördlichen Halbkugel in Europa, Asien und Nordamerika Steinkohlevorkommen finden, die für eine einstige äquatornahe Lage sprechen.

Die Theorie des Meteorologen und Polarforschers Wegener schien den Geologen seiner Zeit jedoch nicht schlüssig, und selbst der große deutsche Geologe Franz Kossmat hielt es für ausgeschlossen, dass Kontinente den starren Ozeanboden einfach durchpflügen könnten.

Erst die seit Ende der 60er Jahre des letzten Jahrhunderts mit dem amerikanischen Forschungsschiff Glomar Challenger durchgeführten Bohrungen in Tiefseeböden der Ozeane erbrachten den zweifelsfreien Beweis für die Richtigkeit der Theorie der Kontinentalverschiebung. Mittlerweile verfügt die

Die „Neuzeit" der Geowissenschaften

Wissenschaft über ein recht detailliertes Bild über die plattentektonischen Vorgänge seit der Frühzeit der Erde bis in die jüngste geologische Vergangenheit.

Dass dieses anfangs vehement abgelehnte neue Modell auch Auswirkungen auf die Interpretation der Geologie in der Oberpfalz hatte, ist nicht weiter verwunderlich. Und die Erklärung der jungen Faltengebirge bot sich als Modell für die älteren Gebirge wie das Variszische Gebirge an. Denn warum sollten diese Prozesse nicht in geologisch älteren Zeiten in ähnlicher Weise abgelaufen sein? Also versuchte man nun auch im nordostbayerischen Grundgebirge geologische Beobachtungen auf der Basis plattentektonischer Modelle zu erklären, was sich in einer Vielzahl neuer Erkenntnisse und einer nahezu unüberschaubaren Zahl geowissenschaftlicher Veröffentlichungen widerspiegelt.

Die Kontinentale Tiefbohrung

Als sich nach dem Zweiten Weltkrieg geowissenschaftliche Analysemethoden und vor allem immer präziser werdende Altersdatierungsmethoden rasant weiterentwickelten, sahen Geowissenschaftler die Zeit gekommen, dem Alten Gebirge mit einer Tiefbohrung auf die Wurzel zu fühlen.

Dass die Wahl dabei auf Windischeschenbach gefallen ist, liegt daran, dass hier die Nahtstelle der aufeinanderprallenden ehemaligen Kontinente Urafrika und Urasien liegt, wo Gesteine aus einer Tiefe von ungefähr 30 km emporgehoben wurden und man quasi in die Wurzel eines längst abgetragenen Gebirges bohren konnte. Es bot sich hier also die Möglichkeit, Teile der Erdkruste zu studieren, die unter Normalbedingungen

Der Bohrturm der KTB

wegen ihrer tiefen Lage für die geologische Beobachtung nicht zugänglich sind.

Mit der von 1987 – 1989 auf 4000 m niedergebrachten Vorbohrung und der 200 m davon entfernten, von 1990 – 1994 auf 9101 m abgeteuften Hauptbohrung war die Kontinentale Tiefbohrung (KTB) das erste deutsche Großprojekt der geowissenschaftlichen Grundlagenforschung.

Diese Bohrung stellte die Technik vor nie da gewesene Herausforderungen: Bei Temperaturen bis zu 300 °C und einem Druck, der dem von 30.000 auf einen Quadratmeter gestellten VW-Golf entspricht, musste man in steil gefalteten, harten Gesteinsschichten, die von zahlreichen brüchigen Störungen durchzogen sind, möglichst senkrecht bohren. Mehrfach kam es zu Problemen, die die Bohrung zum Stillstand brachten. Es konnte aufgrund des unerwartet hohen Temperaturanstiegs (man erwartete diese Temperaturen erst in 12 – 14 km Tiefe) auch die zunächst angestrebte Zieltiefe von 10 – 14 km nicht erreicht werden. Dennoch stellt diese Tiefbohrung zweifelsohne eine der größten technischen Meisterleistungen überhaupt dar.

Enorme technische Herausforderungen

Die Resultate der Bohrung gaben zu Hunderten von wissenschaftlichen Veröffentlichungen Anlass, sodass es hier unmöglich ist, einen vollständigen Überblick der gewonnenen Erkenntnisse zu geben. Schon die physikalischen Messungen im Bohrloch brachten überraschende Ergebnisse: Man registrierte beispielsweise eine unerwartet starke Zunahme des Magnetfeldes mit zunehmender Tiefe, was im Widerspruch zur bisherigen Lehrmeinung stand. Mit einem eigens entwickelten Bohrlochgeophon wurden die seismischen Reflektoren im Kristallin und die Struktur seismischer Geschwindigkeitsverteilungen untersucht.

Eine geöffnete Bohrlochsonde der KTB

Diese Untersuchungen haben das regionale geologische Bild gewandelt und zeigten beispielsweise, dass die Fränkische Linie tiefer in die Erdkruste reicht, als bisher vermutet wurde.

Erforschung der Erdwärmenutzung und Lagerstättenbildung

Durch die KTB wurden auch die Möglichkeiten einer wirtschaftlichen Nutzung der Erdwärme erforscht. Weiterhin überraschten die im Gestein vorhandenen Flüssigkeiten und Gase in ihrer Zusammensetzung und Menge. So konnte man Einblicke in hydrothermale Vorgänge, wie sie bei der Entstehung von Erz- und Minerallagerstätten (DILL, 1987, 1988) vermutet werden, gewinnen. Besonders unerwartet war die große Permeabilität, also die Durchlässigkeit des Gesteins für Wässer und Gase auch noch in großer Tiefe.

Die Temperatur im Bohrloch wurde sehr genau vermessen. Entgegen den ursprünglichen Annahmen, welche die noch immer nachwirkende eiszeitliche Abkühlung und den tertiären Basaltvulkanismus nicht hinreichend berücksichtigt hatten, war die Temperaturzunahme mit der Tiefe deutlich größer als erwartet.

So haben wir heute viel genauere Vorstellungen über die Temperaturverteilung in der oberen Erdkruste. In über 100 Einzelprojekten wurden interdisziplinär die in Windischeschenbach erbohrten Gesteine, Flüssigkeiten und Gase von rund 300 Wissenschaftlern untersucht. Viele Fragen zu chemischen und physikalischen Zustandsbedingungen und Vorgängen in der tieferen kristallinen Erdkruste konnten hier bei Windischeschenbach untersucht werden, die neue Erkenntnisse zur Bildung mineralischer Lagerstätten oder auch zur Entstehung der in Nordbayern, im Vogtland sowie im benachbarten Böhmen auftretenden Schwarmerdbeben erbrachten.

Nicht unterschätzt werden darf das für die Bohrtechnik gewonnene Know-how. Neu entwickelte Bohrloch-Spülungen und das revolutionäre Senkrecht-Bohrsystem sind nur zwei der grundlegenden Produkte der KTB.

Das Geozentrum an der KTB

Das Geozentrum an der mittlerweile beendeten Tiefbohrung ist mit seinem 83 m hohen Bohrturm (der größten Landbohranlage der Welt), mit seinem Bohrkernlager, dem Veranstaltungs- und Informationszentrum sowie als Lernort für alle geowissenschaftlich Interessierten eine ideale Anlaufstelle für geologische Exkursionen in die Nördliche Oberpfalz. Für den Besucher bieten wechselnde Ausstellungen, Vorträge, Führungen auf den Bohrturm und multimediale Dokumentationen hervorragende Informationsmöglichkeiten. Unter pädagogischer Anleitung können Schüler in Laborräumen beispielsweise Bodenproben analysieren oder sich in der Gesteinsbestimmung versuchen.

In den letzten Jahren ist das Bewusstsein für den geologischen Reichtum der Nördlichen Oberpfalz enorm gewachsen und viele Städte und Gemeinden nutzen ihn in touristischen Konzepten. Als organisatorisches Dach für all die geologischen Highlights hat sich auf bayerischer Seite in den Oberpfälzer Landkreisen Neustadt an der Waldnaab und Tirschenreuth sowie in den oberfränkischen Landkreisen Bayreuth und Wunsiedel im Fichtelgebirge der grenzüberschreitende Bayerisch-Böhmische Geopark etabliert. Als tschechische Partner treten die Regionen Karlovy Vary (Karlsbad) und Plzen (Pilsen) auf, die mit den westböhmischen Vulkangebieten, faszinierenden Bergbaulandschaften und dem weltberühmten Böhmischen Bäderdreieck aufwarten können.

Info-Stand am Geologischen Lehrpfad Tännesberg

Der Bayerisch-Böhmische Geopark

Eine besonders gute Möglichkeit, den Bayerisch-Böhmischen Geopark geologisch kennenzulernen, bietet sich über die von den Geopark-Rangern angebotenen Touren an. Eine Übersicht der preiswerten und gut vorbereiteten Führungen sind in der Tagespresse und auf der Homepage des Geoparks zu finden oder lassen sich bei dessen Geschäftsstelle erfragen. Doch wird von den Geopark-Rangern nicht nur Geologie vermittelt, sondern auch geschichtliche, kulturelle und landschaftliche Besonderheiten kommen nicht zu kurz.

Geopark-Ranger

Die Touren führen zu geologischen Aufschlüssen, Schaubergwerken, Museen, Höhlen und Schausteinbrüchen in landschaftlich reizvollen Gebieten. Die Dauer der Exkursionen liegt in der Regel bei zwei bis fünf Stunden. Es werden aber auch Ganztagestouren mit dem Bus oder Fahrrad-Exkursionen angeboten. Meist haben die Exkursionen noch einen kulinarischen Abschluss in urigen Wirtshäusern zu bieten.

Zu guter Letzt wollen wir nachfolgend noch auf einige empfehlenswerte Lehrpfade und Touren hinweisen, die zu besuchen sich lohnt. Insbesondere die Ausstellungen und Museen der Region stellen dabei eine gute „Schlechtwetter-Variante" dar.

Nützliches und Informatives

Interessante Lokalitäten und Kontaktadressen

Geologische Lehrpfade

Geologischer Lehrpfad Tännesberg
Lage: Am Ortsrand von Tännesberg am Südhang des Großbühls.
Beschreibung: 1972 angelegter und 1,3 km langer Wanderweg mit großformatigen Gesteins-Exponaten aus Nordost-Bayern. Schriftlicher Führer und Audio-Guide erhältlich.
Kontakt: Tourismus-Büro Tännesberg, Tel.: 09655-920020

PleySteinpfad
Lage: Am westlichen Ortsrand von Pleystein, Ortsteil Gsteinach.
Beschreibung: 2005 angelegter, 1,5 km langer Wanderweg und Walderlebnispfad mit Fels-Exponaten aus der Umgebung und einem natürlichen Aufschluss (Geotop Gsteinach).
Kontakt: Tourismus-Büro Pleystein, Tel.: 09654-922233

Geologischer Rundwanderweg Püchersreuth
Lage: Gemeinde Püchersreuth, Beginn bei der Wallfahrtskirche St. Quirin.
Beschreibung: 12 km langer Rundweg mit Fels-Exponaten aus unmittelbarer Nähe und Skulpturen-Wanderweg, 2007 erweitert. 12-seitiges Faltblatt erhältlich.
Kontakt: Geschäftsstelle Bayerisch-Böhmischer Geopark, Tel.: 09602-9398166

Geologischer Lehrpfad Kemnather Land
Lage: Rundweg, Beginn Ortsrand Kemnath.
Beschreibung: In drei Teile untergliederter, 8 km langer geologisch-naturkundlicher Lehrpfad mit dem Schwerpunkt „Tertiärer Vulkanismus". Ein 42-seitiger Führer ist 1993 erschienen.
Kontakt: Tourist-Info der Stadt Kemnath, Tel.: 09642-70713

Geo-Radtour Bockl-Radweg
Lage: Radweg von Neustadt/WN nach Eslarn.
Beschreibung: Circa 50 km lange geologische Radtour mit vielen Geotopen entlang des Bockl-Radweges. 6-seitiges Faltblatt erhältlich.
Kontakt: Tourismuszentrum des Landkreises Neustadt a. d. Waldnaab, Tel.: 09602-79105

Geo-Tour Granit
Lage: Einzelpunkte in der Oberpfalz und Oberfranken; kein Startpunkt.
Beschreibung: Acht jeweils mit Info-Tafel ausgestattete Geotope zum Thema Granit. 6-seitiges Faltblatt erhältlich.
Kontakt: Besucherdienst am Geozentrum der KTB, Tel.: 09681-91273

Industrielehrpfad Geopark Kaolinrevier Hirschau-Schnaittenbach
Lage: Beginn am südlichen Fuß des Monte Kaolino in Hirschau.
Beschreibung: 6 km langer Rundweg durch das Hirschau-Schnaittenbacher Kaolinrevier mit 12 Stationen; auch in Tschechisch und Englisch.
Kontakt: GeoPark Kaolinrevier Hirschau-Schnaittenbach e.V., Tel.: 09622-70250
Homepage: www.geopark-kaolinrevier.de

Sulzbacher Bergbaupfad
Lage: Sulzbach-Rosenberg, Beginn Parkplatz unterhalb des Annabergs.
Beschreibung: 19 Stationen mit Geotopen und Industriedenkmälern des Eisenerzbergbaus mit 17-seitiger Broschüre.
Kontakt: Tourist-Information + Kulturwerkstatt Sulzbach, Tel.: 09661-510110

Museen und öffentliche Sammlungen

Bergbau- und Heimatmuseum Erbendorf

Das Bergbau- und Heimatmuseum Erbendorf wurde auf Initiative des Heimatpflegevereins Erbendorf e.V. im Jahre 1995 eröffnet und befindet sich im Alten Kloster, Kirchgasse 4, 92681 Erbendorf. Es zeigt in der Abteilung Mineralogie und Geologie in fünf Räumen Mineralien und Gesteine aus der Umgebung.
Kontakt: Tourist-Info der Stadt Erbendorf, Tel.: 09682-921022

Heimatmuseum Pleystein

Im Haus der Heimat, Marktplatz 25, 92714 Pleystein, befindet sich in mehreren Räumen seit 1967 eine historische Mineraliensammlung mit dem Schwerpunkt Phosphatmineralien aus Pleystein und Umgebung.
Kontakt: Touristinformation der Stadt Pleystein, Tel.: 09654-922233

Edelsteinmuseum Vohenstrauß

Das private Edelsteinmuseum, Amselweg 10, 92648 Vohenstrauß, zeigt circa 3000 Exponate. Ausgestellt sind Funde aus der näheren Umgebung und sehenswerte Stücke aus der ganzen Welt.
Kontakt: Tel.: 09651-1413

Mineralien-Sammlung KTB

Im Geozentrum an der KTB, Am Bohrturm 2, 92670 Windischeschenbach, kann eine Anfang 2008 neu gestaltete und in mehreren Vitrinen untergebrachte Mineraliensammlung (Dauerleihgabe des bekannten Oberpfalz-Sammlers Karl Bauer) besichtigt werden. Schwerpunkt bilden Mineralien aus dem Flussspatbergbau um Wölsendorf.
Kontakt: Besucherdienst am Geozentrum der KTB, Tel.: 09681-91273

Mineralien-Sammlung Altenstadt

Im II. Stock im Rathaus von Altenstadt, Hauptstraße 6, 92665 Altenstadt a. d. Waldnaab, ist seit 2002 eine Mineraliensammlung zum Thema „Bayerisch-böhmisches Grenzgebirge" (Dauerleihgabe von Karl Bauer) mit etwa 400 Exponaten zu besichtigen.
Kontakt: Gemeinde Altenstadt, Tel.: 09602-63 310

Mineralien-Sammlung Neuhaus

Im Waldnaabtal-Museum in der Burg Neuhaus, 92670 Windischeschenbach, Burgstraße 13 ist in einer Vitrine eine kleine Mineraliensammlung mit Exponaten aus der Umgebung zu sehen.
Kontakt: Touristinformation Windischeschenbach, Tel.: 09681-401215

Stiftlandmuseum Waldsassen

Im Stiftlandmuseum Waldsassen, Museumsstraße 1, 95652 Waldsassen, befindet sich eine Abteilung Mineralogie, Geologie und Bergbaugeschichte. Schwerpunkt bilden Exponate aus dem Bergbau der ehemaligen Grube Bayerland.
Kontakt: Tourist-Info der Stadt Waldsassen, Tel.: 09632-88160

Bergbau- und Industriemuseum Theuern

Im Hammerherrenschloss, Schloss Theuern, Portnerstraße 1, 92245 Kümmersbruck, ergänzt durch weitläufige Außenanlagen, ist eine sehenswerte Ausstellung zum Bergbau und zur Mineralogie und Geologie Nordost-Bayerns zu sehen.
Kontakt: Museum Tel.: 09624-832

Sammlung des Oberpfälzer Waldvereins e.V. in Weiden

Im Eingangsbereich des Justizgebäudes, Ledererstraße 9, 92637 Weiden ist in sechs Vitrinen die regionale Mineralien- und Fossiliensammlung des Oberpfälzer Waldvereins Weiden ausgestellt.
Kontakt: Martin Füßl, Tel.: 09602-616333

Interessante Lokalitäten und Kontaktadressen

Naturfreunde-Sammlung in Trauschendorf

Im Wanderheim und Naturfreundehaus, 92637 Trauschendorf, Nr. 17, ist in einem Raum die regionale Mineraliensammlung des Touristenvereins „Die Naturfreunde e. V.", Ortsgruppe Weiden, ausgestellt.
Kontakt: Naturfreunde der Ortsgruppe Weiden, Tel.: 0961-25250

Lagerstättensammlung im Rathaus Schwarzenfeld

Im Rathaus Schwarzenfeld, Viktor-Koch-Straße 4, 92521 Schwarzenfeld, ist eine Lagerstättensammlung des Wölsendorfer Flussspatreviers in mehreren Vitrinen zu besichtigen.
Kontakt: Adrian Lang, Tel.: 09435-83 51

Doktor-Eisenbarth- und Stadtmuseum Oberviechtach

Das Museum, Mühlweg 7, 92526 Oberviechtach, zeigt eine Ausstellung zum historischen Goldbergbau im Raum Oberviechtach.
Kontakt: Tourist-Information Oberviechtacher Land, Nabburger Str. 2, 92526 Oberviechtach, Tel.: 09671/307-16; Gruppen ganzjährig nach Vereinbarung

Wichtige Internet-Adressen

Bayerisches Landesamt für Umwelt: *www.geologie.bayern.de*
Bayerisch-Böhmischer Geopark: *www.geopark-bayern.de*
Bezirksgruppe Weiden der VFMG: *www.vfmg-weiden.de*
Geopark Kaolinrevier Hirschau: *www.geopark-kaolinrevier.de*
Besucherbergwerk Reichhart-Schacht: *www.reichhart-schacht.de*
Geo-Zentrum an der Kontinentalen Tiefbohrung: *www.geozentrum-ktb.de*

Mineralien und deren Eigenschaften

Nachfolgende Tabelle fasst den Chemismus in vereinfachter Form, die kristallographische Zugehörigkeit sowie die typische(n) Farbe(n) der in diesem Buch genannten Mineralien zusammen.

Name	Chemismus / Kristallsystem	typische Farbe(n)
Aktinolith Strahlstein	$Ca_2(Mg,Fe)_5Si_8O_{22}(OH)_2$ monoklin	grün-oliv, graugrün
Albit Natronfeldspat	$NaAlSi_3O_8$ triklin	farblos, weiß, grau, gelblich
Amethyst (Quarzvarietät)	SiO_2 trigonal	violett
Anatas	TiO_2 tetragonal	schwarz, blau, braun
Apatit (Mineralgruppe)	$Ca_5(PO_4)_3(F,Cl,OH)$ hexagonal	graugrün
Aragonit Sprudelstein	$CaCO_3$ orthorhombisch	farblos, weiß
Augit	$(Ca,Na)(Mg,Fe,Al,Ti)(Si,Al)_2O_6$ monoklin	schwarz, dunkel- braun-grün
Autunit Kalkuranglimmer	$Ca(UO_2)_2(PO_4)_2 \cdot 12\ H_2O$ orthorhombisch	gelbgrün
Baryt Schwerspat	$BaSO_4$ orthorhombisch	weiß, rosa, grau- blau
Benyacarit	$(H_2O,K)(Mn,Fe)_2(Fe,Ti[(O,F)_2](PO_4)_4] \cdot$ $14\ H_2O$ orthorhombisch	farblos-grünlich- gelb
Beryll	$Be_3Al_2Si_6O_{18}$ hexagonal	weiß-grün
Biotit Dunkelglimmer	$K(Mg,Fe,Mn)_3[(OH,F)_2|(Al,Fe,Ti)Si_3O_{10}]$ monoklin	dunkelbraun- schwarz
Brookit	TiO_2 orthorhombisch	braun
Carlhintzeit	$Ca_2AlF_7 \cdot H_2O$ triklin	weiß
Cerussit Weißbleierz	$PbCO_3$ orthorhombisch	weiß, gelblich-grau
Chalcedon (Quarzvarietät)	SiO_2 trigonal	weiß, grau, braun, gelblich

Mineralien und deren Eigenschaften

Name	Chemismus / Kristallsystem	typische Farbe(n)
Chalkopyrit Kupferkies	$CuFeS_2$ tetragonal	messinggelb
Chlorit (Mineralgruppe)	$(Fe,Mg,Al)_6(Si,Al)_4O_{10}(OH)_8$ monoklin	gelb-grünlich
Chrysotil Asbest	$Mg_3Si_2O_5(OH)_4$ monoklin	graugrün
Columbit	$(Fe_2,Mn)Nb_2O_6$ orthorhombisch	schwarz, blau, braun
Cordierit	$Mg_2Al_4Si_5O_{18}$ orthorhombisch	blau-grünlich
Diopsid	$CaMgSi_2O_6$ monoklin	dunkelgrün
Disthen Kyanit	Al_2SiO_5 triklin	blau-weiß
Dolomit	$CaMg(CO_3)_2$ trigonal	weiß, beige, gelblich, grau
Eisenkiesel (Quarzvarietät)	SiO_2 trigonal	ziegelrot
Epidot	$Ca_2(Fe,Al)_3(SiO_4)_3(OH)$ monoklin	gelblichgrün, schwarzgrün
Feldspat (Mineralgruppe)	XZ_4O_8 (X=Ba,Ca,K,Na,NH_4,Sr; Z=Al,B,Si)	weiß, gelblich, braun
Fluorit Flussspat	CaF_2 kubisch	violett, grün u.a.m
Galenit Bleiglanz	PbS kubisch	silbergrau
Gold gediegen	Au kubisch	goldgelb
Glimmer (Mineralgruppe)	monoklin	silberweiß, schwarz
Granat (Mineralgruppe)	kubisch	rot-braun-schwarz
Hämatit Roteisenerz	Fe_2O_3 trigonal	schwarz, rot
Hessonit (Granatvarietät)	$Ca_3Al_2(SiO_4)_3$ kubisch	orange-braun
Hornblende (Mineralgruppe)		schwarz-grünlich-bräunlich

Name	Chemismus / Kristallsystem	typische Farbe(n)
Ilmenit Titaneisen	$FeTiO_3$ trigonal	eisenschwarz
Kaolinit (Tonmineral)	$Al_2Si_2O_5(OH)_4$ triklin	weiß
Keckit	$Ca(Mn,Zn)_2Fe_3(PO_4)_4(OH)_3 \cdot 2\,H_2O$ monoklin	gelbbraun
Klinozoisit	$Ca_2Al_3(SiO_4)_3(OH)$ monoklin	graugrün
Lehnerit Manganuranglimmer	$Mn(UO_2|PO_4)_2 \cdot 8\,H_2O$ monoklin	rehbraun
Limonit Brauneisenerz	$FeOOH$ orthorhombisch	gelbbraun-schwarzbraun
Magnesit Bitterspat	$MgCO_3$ trigonal	farblos, weiß
Markasit Speerkies	FeS_2 orthorhombisch	messingfarben
Muskovit Hellglimmer	$KAl_2(Si_3Al)O_{10}(OH,F)_2$ monoklin	silberweiß
Nigrin (Mineralgemenge)	$TiO_2 + FeTiO_3$	silbergrau-schwarz
Olivin	$(Mg,Fe)_2SiO_4$ orthorhombisch	olivgrün, flaschengrün
Orthoklas Kalifeldspat	$KAlSi_3O_8$ monoklin	weiß, gelblich, braun
Phosphosiderit Klinostrengit	$FePO_4 \cdot 2\,H_2O$ monoklin	farblos-orangerot
Plagioklas Ca-Na-Feldspat	$(Na,Ca)(Si,Al)_4O_8$ triklin	weiß, grau, gelblich
Pyrit Schwefelkies	FeS_2 kubisch	messinggelb
Pyromorphit Grünbleierz	$Pb_5(PO_4)_3Cl$ hexagonal	grün, braun
Pyrrhotin Magnetkies	FeS monoklin	bronze
Quarz	SiO_2 trigonal	weiß, grau u. a. m.
Rauchquarz (Quarzvarietät)	SiO_2 trigonal	grau-braun

Mineralien und deren Eigenschaften

Name	Chemismus / Kristallsystem	typische Farbe(n)
Rosenquarz (Quarzvarietät)	SiO_2 / trigonal	rosa
Rutil	TiO_2 / tetragonal	rotbraun, dunkelbraun-schwarz
Scheelit Tungstein	$CaWO_4$ / tetragonal	farblos, weiß, grau, gelblich
Schörl schwarzer Turmalin	$NaFe_3Al_6(BO_3)_3Si_6O_{18}(OH)_4$ / trigonal	schwarz
Sillimanit	Al_2SiO_5 / orthorhombisch	weiß, silbrig
Sphalerit Zinkblende	ZnS / kubisch	dunkelbraun, schwarz, gelb
Staurolith	$(Fe,Mg,Zn)_2Al_9(Si,Al)_4O_{22}(OH)_2$ / monoklin	rötlichbraun, braungelb-schwarz
Stinkspat (Fluoritvarietät)	CaF_2 / kubisch	violett-schwarz
Strengit	$FePO_4 \cdot 2\,H_2O$ / orthorhombisch	violett, rosa, farblos
Talk Speckstein	$Mg_3Si_4O_{10}(OH)_2$ / monoklin	weiß, grau, gelblich
Titanit Sphen	$CaTiSiO_5$ / monoklin	braun, graugrün
Topas	$Al_2SiO_4(F,OH)_2$ / orthorhombisch	farblos-weiß, bläulich, grau
Torbernit Kupferuranglimmer	$Cu(UO_2)_2(PO_4)_2 \cdot 12\,H_2O$ / tetragonal	smaragdgrün
Turmalin (Mineralgruppe)	$NaFe_3Al_6(BO_3)_3Si_6O_{18}(OH)_4$ / trigonal	schwarz, braun
Vesuvian	$Ca_{10}Mg_2Al_4(SiO_4)_5(Si_2O_7)_2(OH)_4$ / tetragonal	braun
Wollastonit	$CaSiO_3$ / triklin	farblos, weiß, grau
Wölsendorfit	$(Pb,Ca)U_2O_7 \cdot 2\,H_2O$ / orthorhombisch	ziegelrot
Zirkon	$ZrSiO_4$ / tetragonal	braun

Nützliches und Informatives

Geographische Koordinaten der Geotope

Die nachfolgend angeführten Koordinaten beziehen sich auf das World Geodetic System 1984 (WGS84).

Geotop	Nordwert	Ostwert
Amboss	N 49.851902°	E 12.191487°
Anzenstein	N 49.868287°	E 11.919522°
Doost	N 49.715683°	E 12.235808°
Fahrenberg: Feneisenstein	N 49.665502°	E 12.368030°
Fahrenberg: Gipfel	N 49.667461°	E 12.365648°
Burg Falkenberg	N 49.859359°	E 12.225315°
Flossenbürg: Ruine Schlossberg	N 49.734465°	E 12.345371°
Flossenbürg: Steinbruch Plattenberg	N 49.732205°	E 12.353718°
Flossenbürg: Steinbruch Wurmstein	N 49.739735°	E 12.352001°
Föhrenbühl	N 49.856578°	E 12.030158°
Gletschermühle	N 49.828321°	E 12.189561°
Große Teufelsküche	N 49.840694°	E 12.304043°
Großer Stein	N 49.669217°	E 12.431250°
Grube Vesuv	N 49.613713°	E 11.920852°
Gsteinach	N 49.652025°	E 12.398784°
Kleine Teufelsküche - Wackelstein	N 49.851072°	E 12.308034°
Kleiner Kulm	N 49.827006°	E 11.832264°
Kocherstollen	N 49.409765°	E 12.187442°
Kontinentale Tiefbohrung	N 49.815280°	E 12.120569°
Kreuzberg in Pleystein	N 49.646256°	E 12.411546°
Leo-Maduschka-Felsen	N 49.679195°	E 12.392706°

Geographische Koordinaten der Geotope

Geotop	Nordwert	Ostwert
Leuchtenberg: Burganlage	N 49.597992°	E 12.256010°
Leuchtenberg: Heller Stein	N 49.595833°	E 12.292692°
Leuchtenberg: Lerautal	N 49.605815°	E 12.266020°
Monte Kaolino: Gipfel	N 49.534469°	E 11.966407°
Monte Kaolino: Industrielehrpfad	N 49.529860°	E 11.962695°
Monte Kaolino: Schautafel	N 49.535709°	E 11.953382°
Basaltwand am Parkstein	N 49.731608°	E 12.069897°
Pfaffenreuth: Eiserner Hut	N 49.959703°	E 12.336273°
Rauher Kulm	N 49.829166°	E 11.849409°
Reichhart-Schacht	N 49.438154°	E 12.107995°
Rohrmühle	N 49.848277°	E 12.041659°
Sauerbrunnen	N 49.850870°	E 12.189116°
Schellenberg: Felsturm Brotlaib	N 49.735436°	E 12.397899°
Schellenberg: Ruine	N 49.733550°	E 12.398082°
Steinbruch Marienstollen	N 49.851390°	E 12.043418°
Sulzbach-Rosenberg, Bergbaupfad	N 49.505432°	E 11.754266°
Sulzberg	N 49.663627°	E 12.485275°
Teufels Butterfass	N 49.842109°	E 12.188590°
Teufelsstein	N 49.681041°	E 12.213417°
Wackelstein bei Bärnau	N 49.766852°	E 12.407598°
Waldauer Schlossberg	N 49.637648°	E 12.309193°
Wolfenstein	N 49.869331°	E 12.305663°
Wölsendorf: „Roland"-Ausbiss	N 49.416885°	E 12.166832°

Ortsverzeichnis

Altenstadt a. d. Waldnaab   118
Altneuhaus   59
Amberg   7, 33, 35, 83, 86, 90, 91, 92, 93, 94
Amboss   **63**
Annaberg   116
Anna-Schacht   93
Anzenberg   100, **106**
Anzenstein   106
Auerbach   15, 90, 91, 92, 93, 94
Bärnau   48
Bayerhof   94, 101, 102
Berghaus   28
Bergsteiger-Felsen   **24**
Blockhütte   30, 31, 58, 62, 64, 65, 66
Diepoldsreuth   55
Doost   **55**
Eisenbühl   96
Eiserner Hut   **32**
Erbendorf   12, 13, 35, 36, 37, 38, 39, 40, 70, 117
Eslarn   30, 116
Fahrenberg   **20**
Falkenberg   48, 56, 58, 59, 60, 61, **62**, 65, 66, 67, 68, 72
Feneisenstein   **21**, 24
Fichtelnaab   39
Fischerberg   **30**
Floß   55
Flossenbürg   24, **48**, 51, 52, 53, 54, 56, 59, 68, 71, 72
Föhrenbühl   **36**
Freihung   **84**
Freiung   82
Friedenfels   48
Georgenberg   24, 52
Girnitz   55, 56, 57
Gletschermühle   64, **65**
Goldbrunnen   28
Gollwitzerhof   55
Großbühl   115
Große Teufelsküche   **68**
Großer Stein   **51**
Grötschenreuth   36
Grube Angila   85
Grube Cäcilia   79
Grube Hermine   79, 83
Grube Hiberia   85
Grube Johann   85
Grube Johannesschacht   82
Grube Kux   85
Grube Leonie   93
Grube Neue Hoffnung-Zug   85
Grube Nitzlbuch   92, 93
Grube Roland   83
Grube Vesuv   **84**
Grube Vulkan   85
Grube Wilhelm   85
Gsteinach   26, 27, 77, 115
Hagendorf   27, 28, 73, 77
Hagenmühle   24
Hammerherrenschloss   94, 118
Heller Stein   72, 73
Herrenstein   59
Hirschau   73, 86, 87, 88, 89, 116, 119
Hohenwald   66, 67, 68
Hoher Stein   72
Johannesschacht   80
Kammerbühl   96
Kemnath   13, 100, 103, 105, 106, 115
Kleine Teufelsküche   68, **69**
Kleiner Kulm   103, **105**
Kochergang   **80**
Kocherstollen   **80**
Kondrau   94
Königstein   15
Kornberg   39
Kreuzberg   **73**
Kümmersbruck   118
Kuschberg   102
Leo-Maduschka-Felsen   21, **24**
Lerau   70, 71, 72
Leuchtenberg   48, 53, 56, 59, **70**
Liebenstein   48
Lindenbühl   22
Lissenthan   79, 82
Luhe   70, 71
Maffei-Schächte   92, 93
Marienschacht   80, 81
Marienstollen   **37**
Miesbrunn   28, 51, 52
Mitterteich   48
Monte Kaolino   73, **86**, 116
Naab   15, 82, 92

Ortsverzeichnis

Naabrankengang 80
Nabburg 77, 81, 82
Neualbenreuth 30
Neuhaus 58, 59, 118
Neustadt a. Kulm 103
Neustadt a. d. Waldnaab 7, 113, 116
Niedermurach 35
Oberfahrenberg 24
Oberviechtach 19, 119
Parkstein 16, 24, 53, 97, **98**, 103, 106
Pechbrunn 16, 97
Pegnitz 93, 94
Pfaffenreuth 32
Pflaumbach 75
Pilmersreuth 68
Pirk 41
Planer Höhe 52
Plattenberg 49
Pleystein 22, 23, 24, 26, 27, 28, 29, **73**, 115, 117
Pressath 101
Prollermühle 24
Püchersreuth 115
Rauher Kulm 16, 24, 102, **103**, 106
Reichhart-Schacht **82**, 119
Reinhardsrieth 51
Rohrmühle 39
Rolandgang **81**
Rosenberg 33, 85, 90, 91, 92, 93, 94, 116
Rothenbürger Weiher 68
Rozvadov 48
Salzbrunnen 28
Sauerbrunnen 58, 62, 63, 64, 94
Schafbruck 22
Schellenberg **52**
Schmelitz 60
Schmidgaden 82
Schnaittenbach 87, 88, 89, 116
Schönreuth 106
Schwandorf 16, 35, 77
Schwarzenfeld 77, 119
Schwarzenschwal 58
Sibyllenbad 94
Silbergrube 52
Silberhütte 50
Staatsbruch 82
Stadlern 19
Steinach 72, 73
Steinernbühl 22
Stulln 80, 82
Sulzbach 7, 33, 35, 85, 86, 90, 91, 92, 93, 94, 116
Sulzberg **28**
Tannenlohe 62
Tännesberg 115
Tanzfleck 84
Teichelberg 16, 97, 102
Teichtelrangen 32
Teufels Butterfass 55, **63**, 72
Teufelsstein **30**
Theuern 35, 83, 94, 118
Thumsenreuth 94, 101
Tirschenreuth 10, 16, 17, 32, 50, 60, 66, 67, 68, 94, 103, 106, 113
Tischstein 65
Trauschendorf 119
Vils 92
Vohenstrauß 21, 30, 40, 51, 117
Vorderberg 51
Wackelstein 50, 68, 69
Waidhaus 28, 52
Waldau **40**, 53
Waldeck 102, 106
Wäldel 68
Waldfrieden-Hütte 65
Waldnaab 50, **58**, 66, 70, 94, 118
Waldsassen 32, 41, 94, 118
Waldthurn 20, 23
Weberbruch 82
Weiden 13, 20, 28, 30, 31, 41, 52, 55, 87, 118, 119
Wiesau 94
Windischeschenbach 3, 57, 58, 65, 66, **110**, 118
Winklarn 35
Wolfenstein **66**
Wolfslohklamm **71**
Wölsenberg 81, 82
Wölsendorf 71, **77**, 117, 119
Wurmstein 49
Zeche Franz 85
Zinst 107
Zott 20, 22, 24
Zottbachhaus 23

Literaturverzeichnis

Allgemeine Literatur, geologische Führer und zusammenfassende Beschreibungen

BAYERISCHES GEOLOGISCHES LANDESAMT (1996): Erläuterungen zur Geologischen Karte von Bayern 1 : 500 000. München, 329 S.

Flurl, M. von (1792): Beschreibung der Gebirge von Baiern und der oberen Pfalz. München, Joseph Lentner.

FORSTER, A. (1993): Bilderbuch der Erdgeschichte: Geologie und das Kontinentale Tiefbohrprogramm. Heimat Landkreis Neustadt an der Waldnaab, Neustadt: 29-52.

GLASER, S., KEIM, G., LOTH, G., VEIT, A., BASSLER-VEIT, B. & LAGALLY, U. (2007): Geotope in der Oberpfalz. Erdwissenschaftliche Beiträge zum Naturschutz, Band 5. Bayerisches Landesamt für Umwelt, München, 136 S.

Gümbel, C. W. von (1868): Geognostische Beschreibung des Königreichs Bayern. Band 2: Geognostische Beschreibung des ostbayerischen Grenzgebirges oder des bayerischen und oberpfälzer Waldgebirges. Gotha, Perthes.

MÜLLER, F. (1979): Bayerns steinreiche Ecke: Erdgeschichte, Gesteine, Minerale, Fossile von Fichtelgebirge, Frankenwald, Münchberger Masse u. nördl. Oberpfälzer Wald. Oberfränkische Verlagsanstalt u. Druckerei, Hof (Saale), 272 S.

PÖLLMANN, H. (2000): Zur Geologie und Mineralogie der Oberpfalz. VFMG-Sommertagung Amberg. Amberg, 115 S.

SPERBER, H. (1976): Nordostbayern - einmaliges Land. Oberfränkische Verlagsanstalt, Hof/Saale, 216 S.

STETTNER, G. (1992): Geologie im Umfeld der Kontinentalen Tiefbohrung Oberpfalz. Bayerisches Geologisches Landesamt (GLA), München.

STRUNZ, H. (1953): Mineralien und Lagerstätten in Ostbayern. Gustav Bosse-Verlag, Regensburg, 128 S.

STRUNZ, H. (1975): Mineralogie und Geologie der Oberpfalz. Der Aufschluss, Sonderband 26, 342 S.

Spezielle Literatur zur Geologie und Mineralogie

ALTENSCHMIDT, H. (1991): Maare in der Oberpfalz. Gedanken zur Entstehung des Parksteins. Der Aufschluss, 41: 83-93.

BALD, G. (2000): Wölsendorfer Flussspatrevier. In: Aufschlüsse zur Erdgeschichte Bayerns, VFMG-Bezirksgruppe Amberg-Sulzbach, Amberg: 38-48.

DILL, H. G. (1985): Die Vererzung am Westrand der Böhmischen Masse. - Metallogenese in einer ensialischen Orogenzone. Geologisches Jahrbuch, D 73: 3-461.

DILL, H. G. (1987): Die metallogenetische Entwicklung im nordostbayerischen Grundgebirge, dem Zielgebiet des „Deutschen Kontinentalen Tiefbohrprogramms". Geowissenschaften in unserer Zeit, 4: 121-128.

DILL, H. G. (1988): Lagerstätten-Typisierung und metallogenetische Entwicklung im Umfeld der Grenzregion Saxothuringikum - Moldanubikum/Nordbayern. - Ein Überblick. Geologica Bavarica, 92: 133-150.

DILL, H. G. (1990): Die Beckenentwicklung im Permokarbon und der Oberkreide zwischen Parkstein und Erbendorf (Oberpfalz/NE Bayern): Im Vergleich. Erlanger Geol. Abh., 118: 1-42.

DILL, H. G. (1990): Die Schwermineralführung im Permokarbon zwischen Weiden und Schmidgaden. Ein Beitrag zur stratigraphischen Untergliederung des Jungpaläozoikums am Westrand der Böhmischen Masse. Erlanger Geol. Abh., 118: 43-59.

DILL, H. G., WEBER, B., FÜSSL, M. & MELCHER, F. (2006): The origin of the hydrous scandium phosphate kolbeckite from the Hagendorf - Pleystein pegmatite province, Germany. Mineralogical Magazine, 70(3): 281-290.

DILL, H. G., MELCHER, F., FÜSSL, M. & WEBER, B. (2006): Accessory minerals in cassiterite: A tool for provenance and environmental analyses of colluvial-fluvial placer deposits. Sedimentary Geology, 191: 171-189.

DILL, H. G., FÜSSL, M. & WEBER, B. (2006): Phosphat- und titanhaltige Eisenschlacken bei Pleystein - Zeugnis für den Abbau von Verwitterungserzen in der Oberpfalz. Geol. Bl. NO-Bayern, 56: 89-98.

DILL, H. G., MELCHER, F., FÜSSL, M. & WEBER, B. (2007): The origin of rutile-ilmenite aggregates („nigrine") in alluvial-fluvial placers of the Hagendorf pegmatite province, NE Bavaria, Germany. Mineralogy and Petrology, 89: 133-158.

DILL, H. G., FÜSSL, M. & WEBER, B. (2007): Gold, Zinn und andere Erze aus den Bächen bei Pleystein: Eine historische Quelle und deren Wahrheitsgehalt aus geowissenschaftlicher Sicht. Oberpfälzer Heimat, 51: 89-96.

DILL, H. G., WEBER, B. & FÜSSL, M. (2007): Mineralogische und sedimentpetrographische Untersuchungen an Pb-Cu-Fe-führenden Trias-Vererzungen zwischen Grafenwöhr und Freihung (Oberpfalz). Geol. Bl. NO-Bayern, 57: 105-118.

DILL, H. G., TECHMER, A., WEBER, B. & FÜSSL, M. (2008): Mineralogical and chemical distribution patterns of placers and ferricretes in Quaternary sediments in SE Germany: The impact of nature and man on the unroofing of pegmatites. Journal of Geochemical Exploration, 96: 1-24.

DILL, H. G., FÜSSL, M. & WEBER, B. (2008): Parksteiner Geo-Geschichte(n). Der Hohe Parkstein und seine Bedeutung in der geowissenschaftlichen Forschung. Oberpfälzer Heimat, 52: 178-188.

DILL, H. G. & BÄUMLER, W. (2007): Alunit-Jarosit-Mischkristallbildungen in Metakieselschiefern bei Tirschenreuth in der Oberpfalz. Geol. Bl. NO-Bayern, 57: 119-122.

DILL, H. G., GERDES, A. & WEBER, B. (2007): Cu-Fe-U phosphate mineralization of the Hagendorf-Pleystein pegmatite province, Germany: With special reference to Laser-Ablation-Inductive-Coupled-Plasma Mass Spectrometry (LA-ICP-MS) of iron-cored torbernite. Mineralogical Magazine, 71: 371 - 387.

DILL, H. G., GERDES, A., MELCHER, F., WEBER, B., TECHMER A. & FÜSSL M. (2008): Die Hagendorfer Pegmatitprovinz (Oberpfalz/Deutschland) aus sedimentologisch-geomorphologischer und mineralogisch-lagerstättenkundlicher Sicht. Mitteilungen der Österreichischen Mineralogischen Gesellschaft, 154: 7-34.

FICKENSCHER, K. (1917): Geologisch-bergmännische Betrachtungen über die oberpfälzischen Eisenerzlagerstätten. Selbstverlag, Nürnberg, 40 S.

FORSTER, A. (1965): Erläuterungen zur Geologischen Karte von Bayern 1:25000, Blatt Nr. 6340/4341 Vohenstrauß/Frankenreuth. München, 174 S.

FORSTER, A. (1975): Die Gneise im Pegmatitgebiet von Pleystein-Hagendorf. Der Aufschluss, Sonderband 26: 81-103.

FORSTER, J. (2007): Bergbau und Mineralien in Waidhaus und Hagendorf. Waidhauser Geschichte, Heft Nr. 1, Heimatkundlicher Arbeitskreis Waidhaus. Waidhaus, 66 S.

FÜSSL, M. (2000): Die Mineralien der Granitsteinbrüche von Flossenbürg / Oberpfalz. Der Aufschluss, 51: 157-164.

FÜSSL, M. & WEBER, B. (2006): Botschaft aus dem Erdmantel. In: Akademie der Geowissenschaften zu Hannover e.V. (Hrsg.): Faszination Geologie. Die bedeutendsten Geotope Deutschlands. E. Schweizerbart'sche Verlagsbuchhandlung (Nägele u. Obermiller), Stuttgart: 150-151.

GLUNGLER (1905): Das Eruptivgebiet zwischen Weiden und Tirschenreuth und seine kristalline Umgebung. Separat-Druck aus dem Sitzungsbericht der mathematisch-physikalischen Klasse der Königlich Bayerischen Akademie der Wissenschaften, 35, München: 169-246.

GUDDEN, H. (1972): Zur Bleiführung in Trias-Sedimenten der nördlichen Oberpfalz. Geologica Bavarica, 74: 107-125.

GUDDEN, H. (1974): Zur Bleierz-Führung in Trias-Sedimenten der nördlichen Oberpfalz. Geologica Bavarica, 74: 33-55.

GUDDEN, H. (1975): Die Bildung und Erhaltung der Oberpfälzer Kreide-Eisenerzlagerstätten in Abhängigkeit von der Biegungs- und Bruchtektonik. Geologica Bavarica, 65: 33-55.

HUCKENHOLZ, H. G. & SCHRÖDER, B. (1985): Tertiärer Vulkanismus im bayerischen Teil des Eger-Grabens und des mesozoischen Vorlandes. Jber. Mitt. oberrhein. geol. Ver., N.F. 67: 107-124, Stuttgart.

KASTNING, J. & SCHLÜTER, J. (1994): Die Mineralien von Hagendorf und ihre Bestimmung. Schriften des Mineralogischen Museums der Universität Hamburg, Band 2, Chr. Weise Verlag, München, 96 S.

KECK, E. (1963): Oberpfälzer Granate - Vorkommen und chemische Zusammensetzung. Der Aufschluss, 12: 316-319.

KECK, E. (1990): Hagendorf-Süd. Ein kurzer historischer Überblick. Der Aufschluss, 41: 53-66.

KECK, E. (2001): Carlhintzeit vom Kreuzberg in Pleystein, Oberpfalz. Der Aufschluss, 52: 219-222.

MAY, H. (1904): Der Fahrenberg, Ein Natur-, Wirtschafts- und Geschichtsbild aus dem Böhmerwalde. Als eine Gabe zum 700 jährigen Jubiläum der Wallfahrt zu diesem Berge nach urkundlichem Material verfaßt. Selbstverlag, München, 92 S.

MIELKE, H. (1985): Erste Lebensspuren aus Metasedimenten der Bunten Gruppe Ostbayerns (Fichtelgebirge und Oberpfälzer Wald) - Ein weiterer Hinweis auf deren Zuordnung in den Zeitabschnitt Oberes Proterozoikum - Unterstes Kambrium. Geol. Bl. NO-Bayern, 34/35: 189-210.

MÜCKE, A., KECK, E. & HAASE, J. (1990): Die genetische Entwicklung des Pegmatits von Hagendorf-Süd/Oberpfalz. Der Aufschluss, 41: 33-51.

OCHANTEL, K. (1990): Feldspat- und Quarzkristalle im Rhyolith (Quarzporphyr) bei Weiden in der Oberpfalz, insbesondere von Oberhöll. Der Aufschluss, 41: 244-248.

PETEREK, A. (2003): Klima und Landschaft im Wandel - ein Ausflug in die jüngere Landschaftsgeschichte des Landkreises. Landkreis Schriftenreihe, 15: 78-88, Tirschenreuth.

PETEREK, A. (2006): Die Fränkische Linie im Landkreis Tirschenreuth. Landkreis Schriftenreihe, 18: 67-77, Tirschenreuth.

PETEREK, A. (2007): Erdgeschichtliche Reise durch Nordostbayern. Grafenwöhr, 61 S.

PETEREK, A., SCHRÖDER, B., NOLLAU, G. (1996): Neogene Tektonik und Reliefentwicklung des nördlichen KTB-Umfeldes (Fichtelgebirge und Steinwald). Geologica Bavarica, 101: S. 7-25.

PETEREK, A. & VOLLRATH, H. (2004): Landschaft aus Granit. Landkreis Schriftenreihe, 16: 139-153, Tirschenreuth.

PÖLLMANN, H. (2000): Pseudomorphosen und Perimorphosen von Goethit nach Calcit aus dem Steinbruch Grasfurt bei Mitterteich/Oberpfalz. Der Aufschluss, 51: 5-9.

PÖLLMANN, H., BÄUMLER, W. & MEIER, S. (2005): Sekundärphosphate aus dem Steinwaldgranit von Hopfau bei Erbendorf / Oberpfalz. Der Aufschluss, 56: 71-79.

ROHRMÜLLER, J., GEBAUER, D. & MIELKE, H. (2000): Die Altersstellung des ostbayerischen Grundgebirges. Geologica Bavarica, 105: 73-84.

ROHRMÜLLER, J. & HORN, P. (2003): Ergebnisse der K-Ar-Datierung einer basaltischen Tuffbrekzie aus der Bohrung Bayerhof und von Basalten des Umfeldes. Geologica Bavarica, 107: 227-230.

ROHRMÜLLER, J., HORN, P., PETEREK, A. & TEIPEL, U. (2005): First day: Geology and Structure of the Lithosphere. In: KÄMPF, H., PETEREK, A., ROHRMÜLLER, J., KÜMPEL, J. H. & GEISSLER, W. H. (Hrsg.): The KTB Crustal Laboratory at the Eger Graben - Exkursionsführer. Schriftenreihe der Deutschen Gesellschaft für Geowissenschaften, 40: 46-50.

SCHRÖDER, B. & PETEREK, A. (2002): Parkstein, Anzenstein und Co - geologische Geschichte der Kegelberge in der Oberpfälzer Senke. Landkreis Schriftenreihe, 14: 127-139, Tirschenreuth.

SIEBEL, W. & WENDT, I. (1995): Intrusionsgeschichte und Magmenevolution der spätvaristischen Granite in NE-Bayern basierend auf geochronologischen, isotopischen und geochemischen Daten. In: Geological investigations around the KTB-Locality - Final Workshop of the Continental Deep Drilling Programme of the Federal Republic of Germany (KTB) organized by the Geological Survey of Bavaria (BGLA) and the German Science Foundation (DFG), November 16.–17. München.

TENNYSON, C. (1983): Granat von Bayerischen Fundstätten. Der Aufschluss, 7: 275-285.

TODT, W. & LIPPOLT, H. J. (1975): K-Ar-Altersbestimmungen an Vulkaniten bekannter paläomagnetischer Feldrichtung I. Oberpfalz und Oberfranken. J. Geophys., 41: 43-61.

VIERLING, W. (1975): Zur Mineralogie der Oberpfalz - Mineralien, Fundstellen, Lagerstätten. Der Aufschluss, Sonderband 26: 1-10.

VOLLRATH, H. (1984): Erosionsformen des Granits in Nordostbayern. 31. Bericht des Nordoberfränkischen Vereins für Natur-, Geschichts- und Landeskunde, Hof/Saale, 104 S.

WEBER, B. (1978): Mineralien aus den Metapegmatiten „Wilma" und „Gertrude" bei Obersdorf und Menzlhof in der Oberpfalz. Der Aufschluss, 29: 325-329.

WEBER, B. (2003): Pseudomorphosen von Speckstein nach Dolomit von Erbendorf/Oberpfalz. Der Aufschluss, 54: 257-260.

WEBER, B. (2007): Epitaxie und Metaphasen von Autunit, Torbernit und Uranocircit aus Wölsendorf, Hagendorf und Bergen. Der Aufschluss, 58: 7-12.

WEISS, K. (1977): Bergbau im Raum Nabburg vom Mittelalter bis zur Gegenwart. In: 25 Jahre Bergknappenverein Stulln, Knappenverein Cäcilia, Schwarzenfeld, Bergknappenverein Marienschacht, Wölsendorf. Stulln, 154 S.

WILK, H. (1960): Phosphosiderit und Strengit von Pleystein in Ostbayern. Acta Albertina Ratisbonensia (Regensburger Naturwissenschaften), 23: 107-170.

ZIEHR, H. & MASSANEK, A. (2005): Das Fluoritrevier Wölsendorf-Nabburg in der Oberpfalz. Lapis, 30: 13-24.